国家自然科学基金（32260275）资助

华北常见野鸟图鉴

HUABEI CHANGJIAN YENIAO TUJIAN

主编｜崔多英　李言阔　张　超

中国林业出版社
China Forestry Publishing House

图书在版编目（CIP）数据

华北常见野鸟图鉴 / 崔多英, 李言阔, 张超主编. -- 北京 : 中国林业出版社, 2023.6
ISBN 978-7-5219-2166-3

Ⅰ.①华… Ⅱ.①崔… ②李… ③张… Ⅲ.①鸟类－华北地区－图集
Ⅳ.①Q959.708-64

中国国家版本馆CIP数据核字(2023)第050933号

策划编辑：张衍辉
责任编辑：张衍辉　葛宝庆
封面设计：北京鑫恒艺文化传播有限公司

出版发行：中国林业出版社
　　　　　（100009，北京市西城区刘海胡同7号，电话010-83143521）
电子邮箱：cfphzbs@163.com
网址：www.forestry.gov.cn/lycb.html
印刷：北京博海升彩色印刷有限公司
版次：2023年6月第1版
印次：2023年6月第1次
开本：787mm×1092mm 1/16
印张：9.25
字数：350千字
定价：98.00元

崔多英，男，1970年出生，博士，研究员，北京动物园重点实验室、动物生态研究室主管，北京动物学会理事。主要从事动物生态学和保护生物学研究，包括鸟类多样性调查，丹顶鹤、鸳鸯圈养繁育和野化放归，以及黔金丝猴、朱鹮、绿孔雀等濒危野生动物科学研究和保护工作。主持国家自然科学基金等项目10余项，出版科普专著4部，公开发表学术论文和科普文章50余篇。

李言阔，男，1979年出生，教授，博士研究生导师，现任教于江西师范大学生命科学学院，主要从事野生动物保护与利用、动物生态学领域的教学和研究工作。2002—2005年就读于东北林业大学野生动物资源学院野生动物保护与利用专业；2008年6月博士毕业于中国科学院动物研究所动物生态学专业。近年来主持国家自然科学基金4项、省级项目2项、横向合作项目20余项。在*Journal of Great Lakes Research*、*Global Ecology and Conservation*、《生态学报》等刊物上发表学术论文40余篇。

张　超，男，1997年出生，江西师范大学生态学硕士研究生，华中师范大学在读生物学博士研究生。主要从事动物行为生态学方向研究，参与国家自然科学基金2项、横向研究课目10余项。现已在*Frontiers in Microbiology*、《湖泊科学》等期刊发表学术论文4篇。

鸟类是人类的朋友，自古以来就深受人们的喜爱。早在人类出现之前，地球上就已经有了鸟类。千百万年来，人类与鸟类共同在地球上生存，建立起亲密的伙伴关系。鸟类卓越的飞翔能力、艳丽的色彩、动听的歌喉、奇妙的本能行为以及迁徙过程中在某地神秘地出现及消失，都曾强烈地吸引着人们的注意，并给人以美的享受及科学启示。

鸟类是大自然的精灵，是自然生态系统的重要成员。大多数鸟类在消灭农林虫害和鼠害方面有特殊贡献，是维持自然界生态平衡的积极因素。例如杜鹃、灰喜鹊嗜食各种大小的毛虫；某些鸟类喜食成虫；啄木鸟捕食树皮小蠹虫及虎橡天牛、山毛榉天牛等蛀干害虫的幼虫；即使是一些食谷鸟类，在育雏阶段也会以昆虫等动物性食物喂养雏鸟，以保证雏鸟的正常发育及存活；猛禽（鹰、鸮、隼、雕等）常以森林、草原、农田中的鼠类为食；一些鸦科鸟类和伯劳也能捕食鼠类，共同抑制鼠类数量。

很多鸟类，特别是兀鹫、鸮类等猛禽以及海鸥、乌鸦等，都有嗜食腐肉的习性，被称为自然界的清道夫。它们在消灭患病的动物和腐烂的尸体，消除有机物对环境污染方面有特殊贡献。鸟类可吃掉那些将幼虫寄生在家畜体外的昆虫，椋鸟和食蜱类鸟可解除危及家畜及野生动物的蜱害及其他寄生虫害。

许多鸟类是开花植物的传粉者，尤其是某些热带鸟类，如蜂鸟、太阳鸟、啄花鸟、绣眼鸟、鹎、管舌鸟及鹦鹉，常是某些开花乔木和灌木的重要授粉者。没有这些鸟类，自然界的生态平衡可能会被严重扰乱。另外，许多鸟类有储藏种子的行为。松鸦通常将球果藏在落叶、苔藓、石块下，储藏的球果并不都能被重新找到，这些被遗忘的果实常是森林扩展的一个原因。有些食虫鸟类，如啄木鸟、鹟、山雀和鹎也是重要的散布种子的鸟类，它们通过排粪将种子散布到远方。鸟类散布种子的距离可长可短，许多迁徙鸟类消化道中仍有可存活的种子，被散布的距离可能稍远些。有研究显示，某些硬壳的植物种子通过鸟类消化道后更容易萌发。

　　在自然地理上，华北地区一般指秦岭—淮河线以北，长城以南的广大区域，北与东北地区、内蒙古自治区相接。华北地区主要为温带季风气候，夏季高温多雨，冬季寒冷干燥，年平均气温在8～13摄氏度，年降水量在400～1000毫米。由于地势、气候、海拔、景观、植被的多样与变化，使得鸟类及其他动植物种类十分丰富，鸟类的分布体现出垂直变化和季节性变化特征。同时，华北地区位于东亚—澳大利西亚的候鸟迁徙路线上，在每年的春、秋两季，华北地区的旅鸟种类异常丰富。

　　为便于科研监测专业人员和自然保护管理人员及社会爱鸟人士使用，本书根据郑光美（2017）《中国鸟类分类与分布名录》（第三版）名录的框架，按照鸟类的生态类群（陆禽、游禽、涉禽、攀禽、猛禽、鸣禽）按种排序呈现。在华北地区鸟类调查资料的基础上，本书从上万张鸟友拍摄的照片中，甄选出500余幅鸟类生态照片，对237种鸟类进行图文并茂的展示，便于各类读者阅读使用。

　　我们相信，该书的出版，将有助于华北地区生物多样性保护工作，特别是为公民科学和自然教育提供了不可或缺的参考书，也将成为华北地区生物多样性社会认知实践的范例。由于编者专业能力和水平有限，书中难免出现错误，敬请读者批评指正。

编委会

2022年5月16日

使用说明

物种所属目　　物种所属科　　物种保护级别*

生僻字
拼音

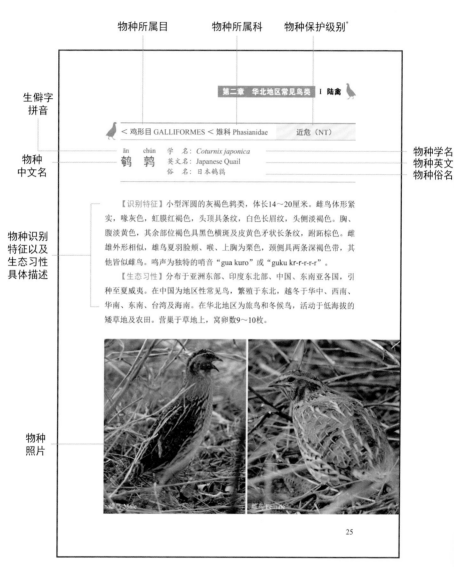

第二章　华北地区常见鸟类　Ⅰ 陆禽

< 鸡形目 GALLIFORMES < 雉科 Phasianidae　　　近危（NT）

ān　chún	学　名：*Coturnix japonica*
鹌　鹑	英文名：Japanese Quail
	俗　名：日本鹌鹑

物种
中文名

物种学名
物种英文
物种俗名

物种识别
特征以及
生态习性
具体描述

【识别特征】小型浑圆的灰褐色鹑类，体长14～20厘米。雌鸟体形紧实，喙灰色，虹膜红褐色，头顶具条纹，白色长眉纹，头侧淡褐色。胸、腹淡黄色，其余部位褐色具黑色横斑及皮黄色矛状长条纹，跗跖棕色。雌雄外形相似，雄鸟夏羽脸颊、喉、上胸为栗色，颈侧具两条深褐色带，其他皆似雌鸟。鸣声为独特的哨音"gua kuro"或"guku kr-r-r-r-r"。

【生态习性】分布于亚洲东部、印度东北部、中国、东南亚各国，引种至夏威夷。在中国为地区性常见鸟，繁殖于东北，越冬于华中、西南、华南、东南、台湾及海南。在华北地区为旅鸟和冬候鸟，活动于低海拔的矮草地及农田。营巢于草地上，窝卵数9～10枚。

物种
照片

雄鸟 Male　　　　　　　　　　　雌鸟 Female

25

* 物种保护级别：

《国家重点保护野生动物名录》（2021版）
国家一级：国家一级保护野生鸟类
国家二级：国家二级保护野生鸟类

《世界自然保护联盟（IUCN）受胁物种红色名录》
灭绝（EX）、野外灭绝（EW）、极危（CR）、
濒危（EN）、易危（VU）、近危（NT）、
无危（LC）、数据缺乏（DD）

前言

使用说明

第一章　观鸟基础知识 1

　　第一节　鸟类外部形态结构 2

　　第二节　名词和术语解释 7

　　第三节　观鸟常用工具与技巧 12

　　第四节　观鸟道德规范 13

　　第五节　鸟类的生态类群 15

第二章　华北地区常见鸟类 23

　　I　陆禽 24

　　鹌鹑 25 / 褐马鸡 26 / 环颈雉 27 / 岩鸽 28 /

　　山斑鸠 29 / 灰斑鸠 30 / 珠颈斑鸠 31 /

　　II　游禽 32

　　鸿雁 33 / 豆雁 34 / 短嘴豆雁 35 / 灰雁 36 /

　　斑头雁 37 / 疣鼻天鹅 38 / 小天鹅 39 / 大天鹅 40 /

　　翘鼻麻鸭 41 / 赤麻鸭 42 / 鸳鸯 43 / 赤膀鸭 44 /

　　罗纹鸭 45 / 赤颈鸭 46 / 绿头鸭 47 / 斑嘴鸭 48 /

　　针尾鸭 49 / 绿翅鸭 50 / 琵嘴鸭 51 / 白眉鸭 52 /

　　花脸鸭 53 / 赤嘴潜鸭 54 / 凤头潜鸭 55 /

红头潜鸭 56 / 青头潜鸭 57 / 白眼潜鸭 58 / 鹊鸭 59 /

斑头秋沙鸭 60 / 普通秋沙鸭 61 / 红胸秋沙鸭 62 /

小䴙䴘 63 / 赤颈䴙䴘 64 / 凤头䴙䴘 65 / 角䴙䴘 66 /

黑颈䴙䴘 67 / 普通鸬鹚 68 / 棕头鸥 69 / 红嘴鸥 70 /

黑尾鸥 71 / 西伯利亚银鸥 72 / 普通燕鸥 73 / 灰翅浮鸥 74

III 涉禽 75

黑翅长脚鹬 76 / 反嘴鹬 77 / 凤头麦鸡 78 / 灰头麦鸡 79 /

金眶鸻 80 / 水雉 81 / 丘鹬 82 / 扇尾沙锥 83 / 红脚鹬 84 /

白腰草鹬 85 / 矶鹬 86 / 黄脚三趾鹑 87 / 黑鹳 88 /

东方白鹳 89 / 大鸨 90 / 白琵鹭 91 / 大麻鳽 92 / 黄斑苇鳽 93 /

夜鹭 94 / 池鹭 95 / 牛背鹭 96 / 苍鹭 97 / 草鹭 98 / 大白鹭 99 /

中白鹭 100 / 白鹭 101 / 普通秧鸡 102 / 白胸苦恶鸟 103 /

黑水鸡 104 / 白骨顶 105 / 丹顶鹤 106 / 灰鹤 107 /

IV 攀禽 108

普通夜鹰 109 / 普通雨燕 110 / 红翅凤头鹃 111 / 噪鹃 112 /

大鹰鹃 113 / 东方中杜鹃 114 / 四声杜鹃 115 / 大杜鹃 116 /

戴胜 117 / 三宝鸟 118 / 普通翠鸟 119 / 冠鱼狗 120 /

斑鱼狗 121 / 蚁䴕 122 / 棕腹啄木鸟 123 / 星头啄木鸟 124 /

大斑啄木鸟 125 / 灰头绿啄木鸟 126

V 猛禽 127

黑翅鸢 128 / 凤头蜂鹰 129 / 秃鹫 130 / 乌雕 131 /

凤头鹰 132 / 赤腹鹰 133 / 日本松雀鹰 134 / 雀鹰 135 /

苍鹰 136 / 白腹鹞 137 / 白尾鹞 138 / 鹊鹞 139 / 黑鸢 140 /

大鵟 141 / 普通鵟 142 / 红角鸮 143 / 北领角鸮 144 /

雕鸮 145 / 灰林鸮 146 / 纵纹腹小鸮 147 / 日本鹰鸮 148 /

长耳鸮 149 / 短耳鸮 150 / 红隼 151 / 红脚隼 152 / 燕隼 153 /
猎隼 154 / 游隼 155

VI 鸣禽 156

暗灰鹃鵙 157 / 灰山椒鸟 158 / 长尾山椒鸟 159 / 家燕 160 /
金腰燕 161 / 山鹡鸰 162 / 黄头鹡鸰 163 / 灰鹡鸰 164 /
白鹡鸰 165 / 树鹨 166 / 水鹨 167 / 领雀嘴鹎 168 /
白头鹎 169 / 栗耳短脚鹎 170 / 太平鸟 171 / 小太平鸟 172 /
牛头伯劳 173 / 红尾伯劳 174 / 黑枕黄鹂 175 / 黑卷尾 176 /
灰卷尾 177 / 发冠卷尾 178 / 鹩哥 179 / 八哥 180 /
丝光椋鸟 181 / 灰椋鸟 182 / 北椋鸟 183 / 松鸦 184 /
灰喜鹊 185 / 红嘴蓝鹊 186 / 喜鹊 187 / 达乌里寒鸦 188 /
秃鼻乌鸦 189 / 小嘴乌鸦 190 / 大嘴乌鸦 191 /
棕眉山岩鹨 192 / 白眉地鸫 193 / 虎斑地鸫 194 / 灰背鸫 195 /
乌鸫 196 / 褐头鸫 197 / 白眉鸫 198 / 赤胸鸫 199 /
黑喉鸫 200 / 赤颈鸫 201 / 斑鸫 202 / 红尾斑鸫 203 /
宝兴歌鸫 204 / 欧亚鸲 205 / 红尾歌鸲 206 / 蓝歌鸲 207 /
红喉歌鸲 208 / 蓝喉歌鸲 209 / 蓝额红尾鸲 210 /
红胁蓝尾鸲 211 / 北红尾鸲 212 / 赭红尾鸲 213 /
黑喉石鵖 214 / 白喉矶鸫 215 / 乌鹟 216 / 北灰鹟 217 /
白眉姬鹟 218 / 绿背姬鹟 219 / 红喉姬鹟 220 / 寿带 221 /
棕头鸦雀 222 / 震旦鸦雀 223 / 矛斑蝗莺 224 / 小蝗莺 225 /
东方大苇莺 226 / 黑眉苇莺 227 / 远东苇莺 228 /
厚嘴苇莺 229 / 褐柳莺 230 / 巨嘴柳莺 231 / 黄腰柳莺 232 /
黄眉柳莺 233 / 极北柳莺 234 / 棕脸鹟莺 235 / 戴菊 236 /
黄腹山雀 237 / 沼泽山雀 238 / 大山雀 239 / 云雀 240 /

银喉长尾山雀 241 / 红胁绣眼鸟 242 / 暗绿绣眼鸟 243 /

山噪鹛 244 / 普通鸭 245 / 黑头鸭 246 / 麻雀 247 / 燕雀 248 /

锡嘴雀 249 / 黑尾蜡嘴雀 250 / 黑头蜡嘴雀 251 /

普通朱雀 252 / 北朱雀 253 / 金翅雀 254 / 红交嘴雀 255 /

红额金翅雀 256 / 黄雀 257 / 三道眉草鹀 258 / 白眉鹀 259 /

栗耳鹀 260 / 小鹀 261 / 黄眉鹀 262 / 黄喉鹀 263 /

黄胸鹀 264 / 栗鹀 265 / 灰头鹀 266 / 苇鹀 267

参考文献...268

索　引...269

　　中文名索引...269

　　学名索引...273

　　英文名索引...278

第一章

观鸟基础知识

第一节　鸟类外部形态结构

一、鸟类的外部特征

鸟类是体表被覆羽毛、有翼、恒温和卵生的高等脊椎动物。

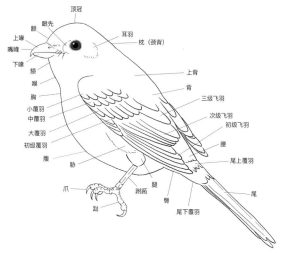

鸟类外部形态

鸟类头部形态

小覆羽
翼角
翼缘覆羽
初级（中）覆羽
初级（大）覆羽
中覆羽
羽干
肩羽
初级飞羽
次级飞羽
三级飞羽
大覆羽

翼上形态结构

翼缘
翼下初级中覆羽
翼下初级小覆羽
下翼缘覆羽
翼下初级大覆羽
翼下小覆羽
翼下中覆羽
腋羽
初级飞羽
翼边
次级飞羽
翼下大覆羽

翼下形态结构

二、鸟类的足和蹼

（一）足

常态足：3趾朝前、1趾朝后。

对趾足：第2、3趾朝前，第1、4趾朝后。

异趾足：第3、4趾朝前，第1、2趾朝后。

并趾足：似常态足，但前趾基部有不同程度的连并现象。

前趾足：4趾均朝前。

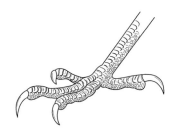

常态足（麻雀）

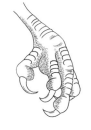

常态足（猛禽）

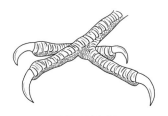

对趾足（啄木鸟）

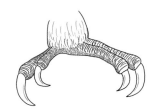

异趾足（咬鹃）

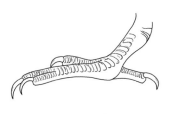

并趾足（翠鸟）

前趾足（雨燕）

鸟类的足

（二）蹼

蹼足：前3趾的趾间具发达的蹼膜。

凹蹼足：与蹼足相似，但各趾间蹼膜显著凹入。

半蹼足：趾间蹼较凹蹼足更不发达，蹼仅见于趾间基部。

全蹼足：4趾间均以蹼相连。

瓣蹼足：各趾两侧均有花瓣状的蹼。

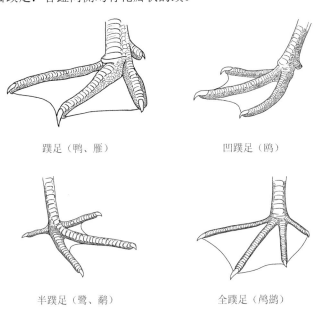

蹼足（鸭、雁）　　　　　　　　凹蹼足（鸥）

半蹼足（鹭、鹬）　　　　　　　全蹼足（鸬鹚）

瓣蹼足（䴙䴘）

鸟类的蹼

三、鸟体常用测量参数

全长（体长）：鸟类平躺，全身舒展，喙尖至尾端的直线距离。

尾长：尾羽基部至末端的直线距离。

翼长：翼角（腕关节）至最长飞羽先端的直线距离。

嘴峰长：自喙基与羽毛的交界处，沿喙正中背方的隆起线，一直至上喙喙尖的直线距离；有蜡膜的种类（如猛禽、鸠鸽类），为蜡膜到喙尖的距离。

头喙长：喙尖至枕部的直线距离。

口裂长：喙尖至口角的直线距离。

跗跖长：自跗间关节中点，至跗跖与中趾关节前面最下方整片鳞的下缘。

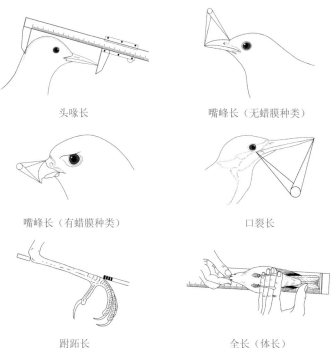

头喙长	嘴峰长（无蜡膜种类）
嘴峰长（有蜡膜种类）	口裂长
跗跖长	全长（体长）

鸟体测量方法示范

第二节 名词和术语解释

古北界（Palearctic）：欧洲大陆、格陵兰岛、北非和秦岭以北的亚洲地区。

全北界（Holarctic）：古北界和新北界的总称。

东洋界（Oriental）：秦岭以南的亚洲、南亚次大陆、东南亚和华莱士区。

泛热带界（pan-tropical）：全球热带地区。

旧世界（Old World）：古北界、热带界和东洋界的总称。

广布（cosmopolitan）：近乎为全球性分布。

地区性（local）：分布不连续、不规则，或仅见于某些地区。

远洋性（pelagic）：栖于远洋。

偶见鸟（accidental）：迷鸟或漂鸟。

漂鸟（vagrant）：罕见或不定期出现的鸟。

同域分布（sympatric）：分布区重叠。

异域分布（allopatric）：分布区不重叠。

亚种（subspecies）：某个种内形态上相似而有别于种内其他种群的种群。

品种（race）：经过人工选择和培育，具有一定经济价值和共同遗传特征的家养动物或栽培植物类群。

野化（feral）：家养动物个体放归或逃逸至野外。

特有性（endemic）：分布局限于某一特定地区的原生种或亚种。

原生林（primary forest）：原始或未被开发过的森林。

次生林（secondary forest）：原生林被破坏后重新恢复的森林。

落叶林（decidous）：一年中的某段时间树叶脱落的树木或森林。

林层（storey）：林木的层次。

林下植被（undergrowth）：森林中的草本植物、幼树和灌丛的总称。

低山（submontane）：山脉海拔较低的区域或山麓地带。

雀形目（passerine）：指"栖禽"（perching birds，但汉语一般作"鸣禽"，即songbirds）的所有科，其爪部结构与非雀形目不同，为三趾向前、一趾向后。

非雀形目（non-passerine）：与雀形目鸟类在爪的结构上不同的鸟类。

猛禽（raptor）：掠食性鸟类。

迁徙（migratory）：进行有规律的地理迁移。

日行性（diurnal）：于昼间活动。

晨昏性（crepuscular）：于晨昏活动。

夜行性（nocturnal）：于夜间活动。

树栖（arboreal）：栖于树上。

地栖（terrestrial）：栖于地面。

水生（aquatic）：栖于水中。

栖宿（roost）：鸟类停歇或夜栖的地点。

群居（gregarious）：集群而居。

掠食性（piratic）：从其他鸟类或其他动物掠抢食物。

成鸟（adult）：性成熟并能繁殖的鸟。

亚成鸟（subadult）：晚期的未成年鸟类个体。

幼鸟（juvenile）：雏后换羽并能飞行的鸟，其雏绒羽（natal down）刚换为正羽。

雏鸟（fledgling）：部分或完全被羽，但尚无或仅具部分飞行能力，尚无法自由飞行的幼鸟。

未成年鸟（immature）：指成鸟之前的时期，包括幼鸟和亚成鸟。

剥制标本（skinned-specimen）：用于研究的标本。

特征性（diagnostic）：足以进行识别的独特特征。

顶端（apical）：物体的端部或外缘。

次端（subterminal）：近形态学结构端处的区域。

末端（terminal）：形态学结构的端部。

气场（jizz）：指鸟类的某些难以名状的特征，通常为其动作特征。

步态（gait）：行走的姿势。

雄鸡/翘（cock）：通常指雉类的雄鸟；作动词亦指头部或尾部高耸翘起的动作。

翱翔（soaring）：利用上升气流而无须振翅的上升飞行。

滑翔（gliding）：两翼平伸或略呈后掠状而无振翅动作的平直飞行。

潜行（skulk）：以隐秘而难以被发现的方式在近地面处匍匐行进或飞行。

顶部（cap）：通常指顶冠（crown）及其周围区域。

中部（median）：位于中间部位。

基部（basal）：形态学结构下端。

近基部（proximal）：近形态学结构下端的区域。

上体（upperparts）：身体的背面，通常由头部至尾羽。

下体（underparts）：身体的腹面，通常由喉部至尾下覆羽。

头部（head）：额部、顶冠、枕部和头侧的总称，但不包括颏和喉部。

冠（crown）：对于鸟类而言指其头部的顶冠区域；对于树木而言指其树冠区域的枝叶。

额盾（frontal shield）：从额部至上喙基部的裸露角质或肉质结构。

喙盔（casque）：上喙部隆起的区域。

颊区（malar area）：喙基、喉部和眼部之前的区域。

蜡膜（cere）：位于上喙基部（包括鼻孔）的蜡质或肉质裸露结构。

脸部（face）：眼先、眼部、颊部和下颊部的总称。

嘴裂（gape）：鸟喙基部的肉质区域。

嘴须（rictal bristles）：喙基裸露区域的羽须。

喉囊（gular pouch）：鹈鹕、鸬鹚等鸟类喉部可膨大的皮肤组织。

前颈（foreneck）：喉部下方的区域。

肉垂（wattle）：色彩鲜艳的裸露皮肤，通常悬于头部或颈部。

中缝的（mesial）：中央的；沿中心部位而下的，通常指喉部。

翁（mantle）：背部、翼上覆羽和肩羽的总称，亦作"上背"。

臀（vent）：泄殖腔孔周围的区域，有时亦指尾下覆羽。

胫（shank）：腿部的裸露区域。

脚（foot）：跗跖、趾和爪的总称。

蹼（web）：两趾间相连的皮肤，亦指羽翈。

瓣蹼（lobe）：呈环形的肉质结构（通常位于脚上以助于游泳）。

二态性（dimorphic）：因为基因或性别差异而形成的两种截然不同的体羽色型。

黑化（melanistic）：偏黑色型。

色型（morph）：独特的由基因决定的羽色类型。

沾（washed）：略带有某种色彩。

鹊色（pied）：黑白色。

锈色（ferruginous）：锈褐色并沾橙黄色。

赭色（ochraceous）：深黄褐色。

棕色型（hepatic）：通常指某些杜鹃的棕褐色型。

羽冠（crest）：通常指头部的长羽束，某些种类可将其耸起或下伏。

顶冠纹（coronal stripe）：顶冠正上方的纵向条纹。

头罩（hood）：深色的头部（通常包含喉部）。

领环（collar）：环绕前颈或后颈并具明显色彩对比的条带或横斑。

颈翎（hackles）：某些鸟类颈部的细长羽毛。

前枕（occiput）：顶冠的后部（位于后枕，即nape，也就是通常说的"枕部"之前）。

项纹（gorget）：喉部或上胸的项圈状图纹或具明显色彩对比的块斑。

羽轴纹（shaft streak）：沿羽轴而形成的或深或浅的条纹。

飞羽（flight feathers）：飞行中为鸟类提供上升力的初级、次级飞羽以及尾羽。

翼前缘（leading edge）：两翼的前缘。

翼后缘（trailing edge）：两翼的后缘。

缺刻（notch）：在体羽、翼羽、尾羽的外缘上的凹部。

翼覆羽（wing coverts）：翼上及翼下的小覆羽、中覆羽和大覆羽。

闪斑（spangles）：鸟类体羽上的闪辉斑点。

翼斑（wing bars）：由于翼羽端部和基部色彩差异而形成的带斑。

翼镜（speculum）：鸭类两翼上与余部翼羽色彩对比明显的闪斑。

腋羽（axillaries）：腋下或翼下的覆羽。

翼列（wing lining）：翼下覆羽的总称。

翼下（underwing）：两翼的近腹面，包括飞羽和翼覆羽。

饰羽（plume）：延长的独特羽毛，常用于炫耀表演。

飘羽（streamers）：丝带状的延长尾羽或尾羽的凸出部分。

新羽（fresh）：鸟类新换的体羽，通常色彩较明亮。

旧羽（worn）：鸟类的旧体羽，通常色彩较暗淡且羽缘较薄。

蚀羽（eclipse plumage）：繁殖期后脱落其繁殖羽，常见于鸭类、太阳鸟等类群。

隐蔽（cryptic）：具有保护色、伪装色以及相应的隐蔽行为。

鸣唱（song）：在求偶炫耀和占域时发出的叫声。

二重唱（duetting）：雄、雌鸟相互鸣唱并应和的行为。

装饰音（grace note）：在鸣唱主体部分之前的细软引导音。

作"呸"声（pishing）：发出似鸟类告警的尖厉声音以吸引其注意力，通常用于让隐蔽处的雀形目小鸟现身。

惊出（flush）：指把鸟类（或其他动物）从其躲避处惊出的行为。

回声定位（echolocation）：通过发送高频率声波以确定物体的位置。

第三节　观鸟常用工具与技巧

一、常用工具

望远镜：望远镜分为单筒望远镜和双筒望远镜两大类。双筒望远镜的倍数一般为8～10倍，单筒望远镜的倍数为20～60倍。距离不是非常远时，利用双筒望远镜，最适于观鸟的双筒望远镜倍数是8～10倍。远距离观察鸟类，需要单筒望远镜。双筒望远镜手持即可，单筒望远镜则需要安装在三脚架上。

鸟类图鉴：鸟类图鉴一般标示出鸟类的识别特征、飞行和鸣叫特征、分布区域和生境。鸟类图鉴有摄影图鉴和绘画图鉴两大类。摄影图鉴可能在色彩上更加逼真，但绘画图鉴一般更容易突出鉴别特征。

照相机：对于当时无法辨认清楚的鸟类，可拍照片或录像，便于回来后查阅资料鉴别。

录音机：不同鸟类发出的鸣声不同，且许多鸟类在繁殖期发出复杂、独特的鸣唱，通过录音机录制鸟类的鸣声，回来后可播放鉴别。

二、鸟类野外辨识技巧

体征：鸟类的形态特征包括大小、体形、喙形、后肢形态、翼形、尾形、羽色等方面。如白鹭喙细长，戴胜冠羽发达，喜鹊为黑白两色，长尾山椒鸟雄鸟和雌鸟分别有醒目的红色和黄色体羽。在野外进行鸟类辨识，由于受时间、距离和环境条件的限制，迅速抓住鸟类的形态特征是正确辨识鸟类的关键。

停歇姿态：一些鸟类的停栖姿态与众不同，可据此确定鸟类类群。如潜鸟在水面上，头会略微上昂，苍鹭多蜷缩颈部单脚站立在水塘中，大麻鳽则在草丛中伸直脖子站立，大杜鹃常近乎水平地停在栖枝上。

飞行行为：鸟类的飞行姿态也各有不同，差异主要表现在起飞、飞行中头、腿和翼等舒展程度、翼拍击频率、飞行轨迹和降落动作等多个方面，可依据飞行姿态确定鸟类的类群。例如，鸭类和鸥类可以从水面直接起飞，而天鹅多数会沿着水面经过一段"助跑"再起飞，鹭类在飞行中蜷缩脖子，而鹤、鹳、雁鸭类则伸长着脖子，啄木鸟和鹡鸰飞行轨迹呈波浪状。

鸣声：鸟类鸣声具有种的特异性，可据此辨识鸟类。那些栖息在茂密植被中的鸟类，往往只闻其声而难见到其身影。如果熟悉这些鸟类的鸣声，辨识它们就容易多了。有些鸟类外形相似，但鸣声差别较大，借助鸣声辨识它们可提高野外鸟种辨识的准确性。

第四节　观鸟道德规范

随着观鸟活动的日益普及，越来越多的市民加入观鸟队伍，观鸟已经从一项健身休闲活动过渡到具备公民科学性质的活动。

华北地区由于地理上的优势与特点，有着相对丰富的动植物资源，鸟类是对环境变化最为敏感的类群，因此在观鸟过程中，观鸟者要践行尊重自然、顺应自然、保护自然的生态文明理念。

在进行观鸟活动时，要避免对野生鸟类及其栖息地造成干扰。尽可能降低人为干扰是观鸟活动的伦理依据和行为准则。在正常情况下，观鸟者不应引诱、驱赶、投喂、过分靠近野生鸟类和破坏其栖息地，避免践踏植被和打扰其他野生动植物。

观鸟者应穿着与环境相融的服装，在观鸟时保持安静，使用长焦镜头（较大的镜头需要进行迷彩装饰）或伪装帐，与野生鸟类保持足够的安全距离。不要故意惊飞和追逐所观察的鸟类，如果鸟类表现出静止不动或受惊迹象，观鸟者应缓慢退后，避免鸟类因应激反应而受到伤害。如果观鸟者的接近导致鸟类飞离，说明观鸟者与鸟类之间的距离过近。

有些鸟可能因为气候恶劣、体能衰弱、受伤等原因暂时停栖在某一地区，此时的它们急需休息调养，需要绝对的安静环境，不被打扰。如果这时观鸟者为了看清或拍到满意的照片而追逐鸟类，可能会导致其死亡。观鸟者如需进行长时期观察和拍摄，在使用随身携带的物品补给时，应尽量降低噪音，并在离开时将物品全部带走，不留一物。

观鸟者在拍摄鸟类时，如遇自然光线不足，应尽量避免使用闪光灯进行补光。

拍摄猛禽时，不可使用活饵或假饵（人造饵或死老鼠等）对猛禽进行引诱，这些诱饵可能会导致掠食性鸟类的捕食行为发生改变，进而使其受到伤害。猛禽飞行速度较快，不应使用汽车等交通工具对其进行追逐，避免鸟类因惊恐逃离而慌不择路，造成碰撞、体力衰竭等应激伤害。

鸣叫是鸟类个体交流及信息传递的方式之一。在观鸟活动中，观鸟者应避免使用播放鸣声录音对鸟类进行诱导拍摄，尤其是濒危物种和处于筑巢期的鸟类，绝对禁止使用鸣声设备。

育雏是鸟类生活中最脆弱的阶段，在孵化和育雏期间受到过度干扰，可能会使亲鸟出现弃巢行为，导致繁殖失败。当观鸟者遇到鸟巢及正在孵化、育雏的亲鸟时，应与鸟巢保持足够的距离，并缩短观察时间，以免干扰亲鸟的行为。切不可使用无人机对鸟巢进行拍摄，这些设备同样会给巢中的雏鸟及亲鸟带来压力，进而造成伤害。不应将鸟巢周围的任何东西进行移动，包括修剪鸟巢周围的植被，鸟巢周围的一切都可能起到为鸟巢遮风挡雨或伪装的作用，一经改变，通常会造成亲鸟弃巢或吸引捕食者发现鸟巢，导致雏鸟的死亡。

对于濒危或某些特殊鸟类，观鸟者有责任不公开记录，并对发现的地点信息进行保密，防止人为的干扰对野生鸟类造成进一步伤害。

无论是观察者还是拍摄者，都需时刻谨记：鸟类及其栖息地的福祉永远是第一位的。

第五节 鸟类的生态类群

华北地区的鸟类包括陆禽、游禽、涉禽、攀禽、猛禽、鸣禽六大生态类群。在野外及公园绿地的各种生境中，各生态类群都有相同或不同代表种类的分布。由于鸟类善于飞行，它们选择栖息地的能力很强，分布往往随季节、食物等因素的变化而变化。

（一）陆禽

陆禽的后肢强壮适于地面行走，翅短圆，喙强壮且多为"弓"形，适于啄食。代表种类有环颈雉（*Phasianus colchicus*）、鹌鹑（*Coturnix japonica*）等。斑鸠虽然善飞翔，但取食主要在地面，因此也被归于陆禽。

华北地区的陆禽分布广泛，见于各地野外及城市公园。环颈雉见于郊野公园、平原和山地，珠颈斑鸠（*Streptopelia chinensis*）多见于城市公园。

褐马鸡

（二）游禽

游禽的脚趾间具蹼，擅游泳；尾脂腺发达，能分泌大量油脂。游禽将油脂抹于全身羽毛，以保护羽衣不被水浸湿。其嘴形或扁或尖，适于在水中滤食或啄鱼。代表种类有绿头鸭（*Anas platyrhynchos*）、鸳鸯（*Aix galericulata*）、䴙䴘等。

华北地区的游禽主要分布于平原和山区的各类湿地，包括天鹅、潜鸭、秋沙鸭、麻鸭、鸬鹚等。凤头䴙䴘（*Podiceps cristatus*）常年在城市公园水域繁殖；近年，鸳鸯在华北地区山间湿地和城市公园均有分布或繁殖记录。

小天鹅

（三）涉禽

涉禽的外形具有"三长"特征，即喙长、颈长、后肢（腿和脚）长，适于涉水生活，因为后肢长可以在较深水处捕食和活动。它们趾间的蹼膜往往退化，因此不擅游水。典型的代表种类是鹭。另外，体形较小但种类繁多的鸻类和鹬类都属于典型的涉禽。

华北地区的涉禽主要分布于城郊各处的河湖湿地及有水域的公园，黄斑苇鳽（*Ixobrychus sinensis*）在挺水植物茂密处繁殖，苍鹭（*Ardea cinerea*）、夜鹭（*Nycticorax nycticorax*）、池鹭（*Ardeola bacchus*）、白鹭（*Egretta garzetta*）等中大型鹭鸟也在城区周边及远郊地区的湿地和养鱼塘觅食，并在其附近林地的林冠层筑巢繁殖。

黑鹳

（四）攀禽

攀禽的足（脚）趾类型发生多种变化，适于在岩壁、石壁、土壁、树干等处行攀缘生活。如两趾向前、两趾朝后的啄木鸟、杜鹃，四趾朝前的雨燕，三、四趾基部并连的戴胜（*Upupa epops*）、翠鸟等均属于攀禽。

华北地区的攀禽因种而异，分布在不同环境区域。常年留居的啄木鸟从城市平原至海拔1400米的山地都有分布，它们的栖息地均为林地。夏候鸟普通雨燕（*Apus apus*）分布在城郊各区的古建筑及立交桥周围，利用建筑物的孔洞筑巢繁殖，夏候鸟大杜鹃（*Cuculus canorus*）集中在有东方大苇莺（*Acrocephalus orientalis*）繁殖的湿地苇丛地带，四声杜鹃（*Cuculus micropterus*）则寻找城市公园及中低山有鸦科鸟类繁殖的地方，它们分别利用苇莺、灰喜鹊（*Cyanopica cyanus*）等鸟类完成巢寄生。戴胜一年四季都能见到，它们选择在城市公园、河流湖泊边、低山等有树洞或柴垛缝隙的地方筑巢繁殖。普通翠鸟（*Alcedo atthis*）在城市及郊区有水面的地方都能见到，它们捕食水中的小鱼和大型昆虫，在土壁上掘洞营巢繁殖。

大斑啄木鸟

（五）猛禽

猛禽的喙、爪锐利带钩，视觉器官发达，飞翔能力强，多具有捕杀动物为食的习性。羽色较暗淡，常以灰色、褐色、黑色、棕色为主要体色。代表种类有日行性的金雕（*Aquila chrysaetos*）、雀鹰（*Accipiter nisus*）、红隼（*Falco tinnunculus*）、猎隼（*Falco cherrug*）和夜行性的雕鸮（*Bubo bubo*）等。

华北地区的猛禽，在迁徙季节有鹰形目、隼形目、鸮形目几十种飞越华北地区上空，最集中的迁徙通道当属北京的小西山（太行山余脉至燕山山脉）上空，最多时，日通过量超过千只。各地山区高海拔处有金雕、秃鹫（*Aegypius monachus*）、雕鸮等常年留居并繁殖，也有苍鹰（*Accipiter gentilis*）、赤腹鹰（*Accipiter soloensis*）、日本松雀鹰（*Accipiter gularis*）、红隼、燕隼（*Falco subbuteo*）、红脚隼（*Falco amurensis*）、北领角鸮（*Otus semitorques*）、红角鸮（*Otus sunia*）在海拔1000米以下中低山至平原繁殖。城市中尚有红隼、纵纹腹小鸮（*Athene noctua*）繁殖。冬候鸟大鵟（*Buteo hemilasius*）喜在城外旷野上空盘旋，长耳鸮（*Asio otus*）分布于城市公园、平原、低山的林地，而短耳鸮（*Asio flammeus*）栖息于城区以外的荒地草丛之中。

猎隼

（六）鸣禽

鸣禽种类繁多，鸣叫器官（鸣肌和鸣管）发达。它们善于鸣叫，巧于营巢，繁殖时有复杂多变的行为，身体为中、小型，雏鸟均为晚成，在巢中得到亲鸟的哺育才能正常发育。代表种类有喜鹊（*Pica pica*）、乌鸦、山雀、家燕（*Hirundo rustica*）、椋鸟、麻雀（*Passer montanus*）等。

华北地区的鸣禽种类最为丰富，在各省市都有许多种类分布。作为留鸟的山噪鹛（*Garrulax davidi*）、银喉长尾山雀（*Aegithalos glaucogularis*）主要分布于中低海拔山地，乌鸫（*Turdus mandarinus*）近20年来进入华北地区，主要分布于城市公园、城区。冬季沼泽山雀下降到低海拔林地活动，近几年在城市公园有繁殖记录。喜鹊、灰喜鹊、大嘴乌鸦（*Corvus macrorhynchos*）、麻雀等伴人鸟种常年留居在城市公园筑巢繁殖。

灰喜鹊

第二章

华北地区常见鸟类

I 陆禽

< 鸡形目 GALLIFORMES < 雉科 Phasianidae 　　　　近危（NT）

ān　　chún
鹌　鹑
学　名：*Coturnix japonica*
英文名：Japanese Quail
俗　名：日本鹌鹑

【识别特征】小型浑圆的灰褐色鹑类，体长14～20厘米。雌鸟体形紧实，喙灰色，虹膜红褐色，头顶具条纹，白色长眉纹，头侧淡褐色。胸、腹淡黄色，其余部位褐色具黑色横斑及皮黄色矛状长条纹，跗跖棕色。雌雄外形相似，雄鸟夏羽脸颊、喉、上胸为栗色，颈侧具两条深褐色带，其他皆似雌鸟。鸣声为独特的哨音"gua kuro"或"guku kr-r-r-r"。

【生态习性】分布于亚洲东部、印度东北部、中国、东南亚各国，引种至夏威夷。在中国为地区性常见鸟，繁殖于东北，越冬于华中、西南、华南、东南、台湾及海南。在华北地区为旅鸟和冬候鸟，活动于低海拔的矮草地及农田。营巢于草地上，窝卵数9～10枚。

雄鸟 Male

雌鸟 Female

< 鸡形目 GALLIFORMES < 雉科 Phasianidae | 国家一级 | 易危（VU）

褐马鸡

学　名：*Crossoptilon mantchuricum*
英文名：Brown Eared Pheasant
俗　名：—

【识别特征】大型的偏褐色雉类，体长82～110厘米。雌雄同色。头顶羽毛呈天鹅绒状，为黑色，头侧具红色裸皮和白色耳羽束，颊、颏亦为白色，颈部黑褐色，上背、两翼和下体为暗棕褐色，下背、腰、尾上覆羽和尾羽皆为银白色，但尾羽端部为黑色。尾羽较长，外翈羽支发散为丝状下垂，似马尾。下体深褐色。跗跖红色。觅食时发出"gu-ji gu-ji"的叫声。雄鸟求偶时作深沉的"ger-ga-ga…ger-ga-ga"叫。

【生态习性】中国北方特有种，仅存于山西、北京郊区和河北西北部海拔1300米以上的局部地区。栖于低矮山林，觅食于灌丛及林间草地，营巢于林间地面，窝卵数6～9枚。

＜鸡形目 GALLIFORMES ＜雉科 Phasianidae　　　　无危（LC）

环颈雉
zhì

学　名：*Phasianus colchicus*
英文名：Common Pheasant
俗　名：雉鸡、野鸡、山鸡

【识别特征】为人所熟知的大型雉类，雄性体长80～100厘米，雌性体长57～65厘米。雄鸟头部泛黑色光泽，耳羽束明显，宽阔的眼周裸露皮肤为鲜红色；部分亚种具白色颈环；体羽鲜艳，有墨绿色、铜色和金色，两翼灰色，长而尖的尾羽为褐色并具黑色横纹。雌鸟较小而色暗淡，周身密布浅褐色斑纹。受惊时起飞迅速而聒噪。中国境内有19个亚种，体羽细部差别甚大。雄鸟的叫声为爆发性的"kerook kerook"两声，并伴随着用力振翅。

【生态习性】分布于西古北界的东南部、中亚、西伯利亚东南部、乌苏里江流域、中国、朝鲜半岛、日本和越南北部。广泛分布于全国各地。在华北地区常见于林地、灌丛、农田等各种生境，为留鸟。非繁殖期喜集群活动。营巢于周围有植被或岩石遮蔽的地面凹坑处。窝卵数6～14枚。

雄鸟 Male

雌鸟 Female

＜ 鸽形目 COLUMBIFORMES ＜ 鸠鸽科 Columbidae　　　无危（LC）

岩 鸽

学　名：*Columba rupestris*
英文名：Hill Pigeon
俗　名：野鸽子

【识别特征】中型灰色鸽，体长30～35厘米。雌雄相似。具两道黑色翼斑。羽色似家鸽，但腹部和背部色浅，尾部具偏白色次端条带，与灰色尾基、浅色背部形成对比。跗跖红色。鸣声为重复的"cooer cooer"声，起飞和着陆时发出高音调颤音"coo"。

【生态习性】分布于喜马拉雅山脉、中亚至中国东北。在华北地区区域性常见于山区的崖壁处，为留鸟。喜群居，常飞至山谷、平原觅食，以植物种子、浆果、谷物为食。营巢于山岩缝隙间。巢材由枯枝、树叶、杂草、羽毛构成。窝卵数2枚。

< 鸽形目 COLUMBIFORMES < 鸠鸽科 Columbidae　　无危（LC）

山斑鸠

jiū

学　名：*Streptopelia orientalis*
英文名：Oriental Turtle Dove
俗　名：金背鸠

【识别特征】中型偏粉色的斑鸠，体长28～36厘米。雌雄外形相似。与珠颈斑鸠的区别在于颈侧部具黑色与蓝灰色条纹组成的斑块。上体具深色扇贝状纹，腰部为灰色，尾部图案不同。下体偏粉色，跗跖红色。翼上覆羽羽缘棕红色，尾羽偏黑色，尾端浅灰色。虹膜黄色。与灰斑鸠的区别在于体形较大、上体扇贝状纹更粗。鸣声为悦耳的"kroo kroo-kerroo"声。

【生态习性】分布于喜马拉雅山脉、印度及亚洲东部、北部，北方种群冬季南迁。在中国广布且常见。在华北地区为留鸟，栖息于浅山区、远郊的多树木地带或平原旷野，城市中少见。集小群活动，觅食于开阔农耕区或村庄的地面。用稀疏枯枝于乔木上营巢，窝卵数2枚。

＜鸽形目 COLUMBIFORMES ＜鸠鸽科 Columbidae　　无危（LC）

灰斑鸠
jiū

学　名：*Streptopelia decaocto*
英文名：Eurasian Collared Dove
俗　名：领斑鸠

【识别特征】中型褐灰色斑鸠，体长25～34厘米。雌雄外形相似。喙黑色，后颈具黑白色半领环。周身浅灰色，飞羽黑褐色，跗跖暗粉红色。虹膜暗红色。与山斑鸠的区别在于体色浅而偏灰色。鸣声为响亮的三音节"coo-cooh-co"声，重音在第二音。

【生态习性】分布于欧洲至中亚、缅甸和中国。在中国广布，北方较常见。在华北地区为留鸟，常见于山林、郊区，城市中少见。性不惧人。栖于农田和村庄。用枯枝营"皿"形巢于高大乔木分枝上，窝卵数2枚。

< 鸽形目 COLUMBIFORMES < 鸠鸽科 Columbidae　　　无危（LC）

珠颈斑鸠

jiū

学　名：*Streptopelia chinensis*
英文名：Spotted Dove
俗　名：珍珠鸠

【识别特征】常见的中型粉褐色斑鸠，体长27～33厘米。雌雄外形相似。喙淡褐色，成体颈侧黑色并布满白色珍珠状斑点，未成年个体无此斑点，整体呈灰粉色调，飞羽较体羽色深，尾较长，外侧尾羽端部白色较宽。跗跖红色。虹膜橙色。鸣声为轻柔悦耳的"tera-kuk-kurr"声，重复数次，重音在最后一音。

【生态习性】广布于东南亚至小巽他群岛，引种至世界各地，远至澳大利亚。在华北地区为留鸟，常见于城市绿地、公园，与人类共生。地面觅食，营盘状巢于树上，亦可在高楼窗外平台处营巢。窝卵数2枚。

II 游禽

< 雁形目 ANSERIFORMES < 鸭科 Anatidae | 国家二级 | 易危（VU）

鸿 雁

学　名：*Anser cygnoid*
英文名：Swan Goose
俗　名：原鹅、大雁

【识别特征】大型而颈长的灰褐色雁，体长80～94厘米。喙黑色，粗壮且长，与前额成直线，喙基具狭窄白环。前颈白色，头顶及后颈红褐色，反差明显。上体灰褐色具白色羽缘。臀部偏白，飞羽黑色。跗跖橙色。飞行时发出典型的雁鸣——拖长的升调。

【生态习性】繁殖于蒙古国、中国东北和西伯利亚，迁徙途经华东、朝鲜至长江下游越冬，鲜见于东南沿海，漂鸟可达台湾。在鄱阳湖越冬的个体近6万只，为全球种群数量之大部。在中国广布，为常见

的冬候鸟。在华北地区为不常见旅鸟。可见于水库等开阔水面，并在附近的草地、田间觅食。营巢于茂密苇丛中，窝卵数5～6枚。

< 雁形目 ANSERIFORMES < 鸭科 Anatidae　　　　无危（LC）

豆 雁

学　名：*Anser fabalis*
英文名：Bean Goose
俗　名：大雁、鸿

【识别特征】大型的比其他灰色的雁类都更偏深棕色的雁，体长70～90厘米。雌雄同色。喙黑色并具橙色次端条带，飞行时较其他灰色雁类色暗且颈长。上体具较细的黄色横斑，胸、腹为灰色，下腹、尾下为白色。跗跖橙色。与灰雁的区别在于上下翼无浅灰色调。与短嘴豆雁相比喙更长。鸣声类似灰雁，但小型亚种叫声颤抖。

【生态习性】繁殖于欧亚地区的泰加林，在温带地区越冬。在中国广布，为常见的冬候鸟。在华北地区为旅鸟，喜集群，可见于水库、湖泊和宽阔的河面。筑巢于沼泽或湿地附近的地面，窝卵数3～4枚。

< 雁形目 ANSERIFORMES < 鸭科 Anatidae　　　　无危（LC）

短嘴豆雁

学　名：*Anser serrirostris*
英文名：Tundra Bean Goose
俗　名：—

【识别特征】与豆雁相似，大型的比其他灰色的雁类都更偏深棕色的雁，体长70～90厘米。雌雄外形相似。喙黑色，短粗，具橙色次端条带。上体褐色，具浅色斑纹，胸、腹灰色或灰褐色，尾下覆羽白色。跗跖橙色。与豆雁较难区分，主要的区别在于更短粗的喙和喙前端更窄的橙色条带。鸣声为"hank-hank"声。

【生态习性】繁殖于欧亚地区的泰加林，在温带地区越冬。在中国广布，为常见的冬候鸟。在华北地区为旅鸟，与其他雁类混群活动，可见于开阔水面周边的湿地及附近农田。

< 雁形目 ANSERIFORMES < 鸭科 Anatidae　　　　无危（LC）

灰 雁

学　名：*Anser anser*
英文名：Graylag Goose
俗　名：大雁、红嘴雁

【识别特征】中型的灰褐色雁，体长76～89厘米。雌雄同色。喙粉色，颈部羽毛通常形成显著的纵向"沟槽"，上体羽色灰而羽缘白，具扇贝状纹。胸、腹部灰白色，尾部上、下覆羽均白色。跗跖粉色。鸣声为深沉的雁鸣声。

【生态习性】繁殖于欧亚大陆北部，越冬至北非、印度、中国及东南亚。在中国广布。在华北地区为旅鸟，与其他雁类混群活动，多见于水库、湖泊等地。营巢于苇丛中，窝卵数4～5枚。

< 雁形目 ANSERIFORMES < 鸭科 Anatidae　　　　无危（LC）

斑头雁

学　名：*Anser indicus*
英文名：Bar-headed Goose
俗　名：—

【识别特征】较小的雁，体长71～76厘米。雌雄同色。喙黄色，端黑。头顶白色，枕后具两道黑色条纹。头部黑色，在幼鸟时期为浅灰色。喉部白色延至颈侧。下体多为白色。跗跖橙色。飞行时发出低沉的典型雁鸣。

【生态习性】繁殖于中亚，越冬至印度北部和缅甸。在中国广布，在中国极北部、青海和西藏的沼泽及高原湖泊中繁殖，冬季迁徙至华中和西藏南部。在华北地区为旅鸟，单只或小群活动，耐寒冷，可见于各大湿地的开阔水面和水边草地。窝卵数4～6枚。

交配 Mating

< 雁形目 ANSERIFORMES < 鸭科 Anatidae　　**国家二级**　　**无危（LC）**

yóu
疣鼻天鹅

学　名：*Cygnus olor*
英文名：Mute Swan
俗　名：赤嘴天鹅、哑声天鹅、瘤鹅

【识别特征】大型而优雅的白色天鹅，体长130～155厘米。雌雄同色。喙橙色，成鸟前额基部具特征性黑色疣突。游水时颈部呈优雅的"S"形，双翼常高拱。幼鸟为灰色或污白色，喙灰紫色。成鸟护巢时有攻击性。虽名为"哑声"天鹅，但受威胁时作嘶嘶声，亦会发出低沉"heeorr"的爆破音。

【生态习性】繁殖于欧洲至中亚，越冬于北非及印度。在中国，繁殖于华北、华中的少数湖泊中，如东北的呼伦湖，偶有华南越冬鸟记录。飞行时振翅缓慢而有力，伴有响亮哨声。越冬鸟集大群于湖泊或河流中。窝卵数2～5枚，常将雏鸟背负于背上。

< 雁形目 ANSERIFORMES < 鸭科 Anatidae ｜ 国家二级 ｜ 无危（LC）

小天鹅

学　名：*Cygnus columbianus*
英文名：Tundra Swan
俗　名：啸声天鹅、短嘴天鹅

【识别特征】较大的白色天鹅，体长110～150厘米。雌雄同色。成鸟喙黑色，喙基两侧具黄斑不越过鼻孔，上喙侧缘的黄色区域前段不尖且上喙中脊线为黑色。全身皆白色。亚成鸟喙粉色，喙端和喙基黑色，全身灰褐色。跗跖和爪黑色。体形比大天鹅小，喙基黄色区域较大天鹅更小。鸣声似大天鹅但音调较高。群鸟合唱声如鹤，为悠扬的"klah"声。

【生态习性】繁殖于欧亚大陆北部，越冬于欧洲、中亚、中国和日本。广布于中国北部，冬季经中国东北至长江流域湖泊越冬。在华北地区为旅鸟，迁徙和越冬时集家族群或数十只的小群，集群飞行时呈"V"字形。营巢于草丛或苇丛中，窝卵数2～5枚。

| ＜雁形目 ANSERIFORMES ＜鸭科 Anatidae | 国家二级 | 无危（LC） |

大天鹅

学　名：*Cygnus cygnus*
英文名：Whooper Swan
俗　名：黄嘴天鹅、鹄

【识别特征】大型的白色天鹅，体长120～165厘米。雌雄同色。成鸟喙黑色，喙基黄色面积较大，延至上喙侧缘成尖，过鼻孔。颈细长，全身皆白色。亚成鸟喙淡黄色，喙端黑色，全身灰褐色。跗跖和爪黑色。飞行时鸣声为独特的"klo-klo-klo"声，召唤声则如响亮而忧郁的号角。

【生态习性】繁殖于格陵兰岛和欧亚大陆北部，越冬于中欧、中亚及中国。广布于中国北部、中部和东部，繁殖于北方湖泊的芦苇地，并集群南迁越冬。在华北地区为旅鸟，多活动于有开阔水面的湿地。迁徙时集家族群或数十只至上百只的群体。营巢于苇丛中，窝卵数4～7枚。

< 雁形目 ANSERIFORMES < 鸭科 Anatidae   无危（LC）

翘鼻麻鸭

学　名：*Tadorna tadorna*
英文名：Common Shelduck
俗　名：冠鸭

【识别特征】大型且具醒目色彩的黑白色鸭，体长55～65厘米。雄鸟喙鲜红色，喙及额基部有隆起的皮质疣突，头、颈有绿黑色金属光泽。上、下体均为白色，有较宽的栗色横带环绕胸、背。雌鸟似雄鸟，但色较暗淡，皮质疣突很小或全无，栗色带较窄。幼鸟为斑驳的褐色，喙暗红色，颊部有白斑。跗跖红色。春季善鸣，雄鸟发出低哨音，雌鸟发出"gag-ag-ag-ag-ag"叫声。

雄鸟 Male

【生态习性】繁殖于西欧至东亚，越冬于北非、印度和华南。广布全国，繁殖于华北和东北，迁至东南部越冬，较常见。在华北地区为旅鸟，主要见于郊区湿地环境。喜集小群活动，在近湿地处的洞穴中营巢，窝卵数8～10枚。

| < 雁形目 ANSERIFORMES < 鸭科 Anatidae | 无危（LC） |

赤麻鸭

学　名：*Tadorna ferruginea*
英文名：Ruddy Shelduck
俗　名：黄鸭

【识别特征】大型的橙栗色鸭，体长58～70厘米。外形似雁，雄鸟喙黑色，头部为淡淡的棕色，夏羽具狭窄的黑色领环。飞行时，白色的翼上覆羽及铜绿色翼镜明显可见。尾羽黑色，跗跖黑色。雌鸟似雄鸟，羽色淡且无黑色领环。鸣声为"aakh"的低声嘁鸣，有时为重复的"pok-pok-pok-pok"，雌鸟叫声较雄鸟更深沉。

【生态习性】繁殖于东南欧及中亚，越冬于印度和中国南方。在中国，繁殖于东北、西北乃至青藏高原海拔4600米处，冬季迁至华中和华南。在华北地区为旅鸟或冬候鸟，喜集大群活动，郊区湿地可见迁徙过境和越冬集群。营巢于小树洞、地洞、岩洞及溪边洞穴，窝卵数8～10枚。

雄鸟 Male

＜ 雁形目 ANSERIFORMES ＜ 鸭科 Anatidae | 国家二级 | 无危（LC）

yuān　yāng　学　名：*Aix galericulata*
鸳　鸯　英文名：Mandarin Duck
　　　　俗　名：匹鸭

【识别特征】小型而色彩艳丽的鸭，体长41～51厘米。雄鸟有醒目宽阔的白色眉纹，金色颈部具丝状饰翎，翼折拢后形成独特的棕黄色炫耀性"帆状饰羽"，喙红色。雌鸟通体铅灰色，具雅致的白色眼圈，眼后纹白色，喙灰色。雄鸟换羽后似雌鸟，但喙为红色。常寂静无声，雄鸟飞行时发出声如"hwick"的短哨音，雌鸟发出低咯声。

【生态习性】分布于东北亚、华东和日本，引种至其他区域。分布记录广泛，但受观赏鸟贸易威胁，种群数量较少。在华北地区为旅鸟、夏候鸟及留鸟，活动于城市公园、郊区的开阔水面，在近水的树洞或人工巢箱营巢，窝卵数11枚。

雌鸟和幼鸟 Female and juvenile

雄鸟 Male

| ＜雁形目 ANSERIFORMES ＜鸭科 Anatidae | 无危（LC） |

赤膀鸭

学　名：*Mareca strepera*
英文名：Gadwall
俗　名：紫膀鸭

【识别特征】中型的灰色鸭，体长45～57厘米。雄鸟喙黑色稍细，头顶棕色，头侧、颈部灰色，胸部褐色具白色鳞状斑纹，背部灰褐色，尾黑色，次级飞羽具白斑，比绿头鸭稍小，喙稍细。雌鸟似雄鸟，喙侧橙色，嘴峰黑色，似绿头鸭雌鸟，但头较扁，腹部和次级飞羽白色。跗跖橙色。冬季一般不叫，繁殖季节雄鸟发出短"nheck"声及低哨音，雌鸟发出比绿头鸭更高的重复"gag-ag-ag-ag-ag"声。

【生态习性】分布于全北界至印度北部和中国南部。在温带地区繁殖，为南方越冬不常见的候鸟。迁徙时见于中国北方，越冬于长江以南大部分地区及西藏南部。在华北地区为不常见的旅鸟，可见于开阔水面。窝卵数8～12枚。

雄鸟 Male

左雄右雌 Male (left), Female (right)

＜ 雁形目 ANSERIFORMES ＜ 鸭科 Anatidae　　　　近危（NT）

罗纹鸭

学　　名：*Mareca falcata*
英文名：Falcated Duck
俗　　名：镰刀毛鸭、扁头鸭

雄鸟 Male

雌鸟 Female

【识别特征】较大型的鸭，体长46～54厘米。雄鸟黑色，喙基具一白色斑点。头顶栗色，头侧、颈部绿色并具光泽的羽毛。颏、喉白色，颈后全身密布黑色鳞状纹。雌鸟体色棕褐具深色斑纹，似赤膀鸭雌鸟，但喙、跗跖为暗灰色，头及颈色浅，两胁略带扇贝状纹，尾上覆羽两侧具米黄色纹，翼镜铜棕色。雄鸟换羽后似雌鸟。繁殖季节雄鸟发出低沉哨音续以"uit-trr"颤音，雌鸟以粗哑"呱呱"声作答。

【生态习性】繁殖于东北亚，迁徙至华东和华南。在中国繁殖于东北地区的湖泊及湿地，冬季迁徙途经中国大部分地区包括云南西北部。在香港有越冬鸟。在华北地区为旅鸟，喜集大群，停栖于水面，常与其他鸭类混群。窝卵数6～10枚。

雄鸟 Male

 ＜雁形目 ANSERIFORMES ＜鸭科 Anatidae　　　　无危（LC）

赤颈鸭

学　　名：*Mareca penelope*
英文名：Eurasian Wigeon
俗　　名：鹅仔鸭、红鸭

【识别特征】中型、头大的鸭，体长42～51厘米。雄鸟头部栗色，前额至头顶具皮黄色冠，体羽多灰色，两胁有白色鳞状斑，胸部棕色，腹部白色，尾上、尾下覆羽黑色。飞行时，白色翼上覆羽与深色飞羽及绿色翼镜对比强烈。雌鸟喙蓝绿色，通体棕褐或灰褐色，具深色斑点，腹部白色。飞行时，可见浅灰色翼上覆羽与深色飞羽。翼下灰色，较绿头鸭色深。雄鸟换羽后似雌鸟。雄鸟发出悦耳哨笛声"whee-oo"，雌鸟为短急的呱呱叫。

【生态习性】繁殖于古北界，越冬于南方。在中国，除青藏高原外广布各地，繁殖于东北，西北地区亦有可能，冬季南迁至北纬35度以南包括台湾、海南的大部分地区。在华北地区为旅鸟，可见于开阔水面的湿地。喜集群或与其他水鸟混群。营巢于湖泊、沼泽附近的草丛或灌丛中，窝卵数7～11枚。

< 雁形目 ANSERIFORMES < 鸭科 Anatidae　　　　　无危（LC）

绿头鸭

学　名：*Anas platyrhynchos*
英文名：Mallard
俗　名：官鸭、大红腿鸭、大麻鸭

【识别特征】家鸭的祖先，体长50～70厘米。雄鸟喙黄色，头、颈为深绿色并具光泽，具白色颈环。胸部栗色，背部褐色，腹部灰白色，尾上、尾下覆羽黑色，中央两枚尾上覆羽向上卷曲。具紫蓝色翼镜，翼镜上下缘具宽的白边，飞行时极醒目。雌鸟喙橙黄色，喙端和喙中部灰色。通体为斑驳的褐色，具深色贯眼纹和紫蓝色翼镜。跗跖橙色。雄鸟换羽后似雌鸟，但喙为黄色。雄鸟鸣声为轻柔的"kreep"声，雌鸟似家鸭的"quack-quack-quack"声。

【生态习性】繁殖于全北界，越冬于南方。在中国广布，繁殖于西北和东北，越冬于西藏西南部及北纬40度以南含台湾在内的华中、华南广大地区。地区性常见。在华北地区为常见的夏候鸟、冬候鸟和旅鸟。活动于各类湿地、城市公园、郊区的开阔水面。营巢于水生植物丰富的湿地，窝卵数7～11枚。

左雄右雌 Male (left), Female (right)

＜ 雁形目 ANSERIFORMES ＜ 鸭科 Anatidae	近危（NT）

斑嘴鸭

学　名：*Anas zonorhyncha*
英文名：Eastern Spot-billed Duck
俗　名：黄嘴尖鸭、火燎鸭、麻鸭

【识别特征】中型略大的鸭，体长53～64厘米。雄鸟喙黑色，喙缘黄色。头顶深褐色，头侧灰白色具黑色贯眼纹，胸白色具深色斑点，腹部及尾下覆羽深褐色。翼镜金属蓝色，后缘通常具白边。雌鸟与雄鸟相似，

但下体羽色略浅。跗跖珊瑚红色。鸣声似绿头鸭。

【生态习性】分布于缅甸、中国和东北亚其他国家。除西部外广布全国，冬季迁至长江以南。在华北地区为夏候鸟、旅鸟，冬季罕见。活动于植被丰富的湿地。营巢于湖泊、河流、潟湖周边湿地的草丛、灌丛和苇丛中，窝卵数8～14枚。

＜雁形目 ANSERIFORMES ＜鸭科 Anatidae 　　　　无危（LC）

针尾鸭

学　名：*Anas acuta*
英文名：Northern Pintail
俗　名：尖尾鸭、长尾鸭

【识别特征】尾长而尖的鸭，体长51～76厘米。雄鸟喙蓝灰色，嘴峰、喙缘黑色。头棕色，喉白色，颈侧有白色纵带与下体白色相连，两胁有灰色扇贝状纹，下体白色，尾黑色，正中一对尾羽特别延长。两翼灰色具绿铜色翼镜。雌鸟喙黑色，喙缘黄色。头部淡褐色，上体褐色多黑斑，下体皮黄色，胸部具黑点，两翼灰色具褐色翼镜。跗跖灰色。雄鸟换羽后似雌鸟，但喙色不变。雌鸟鸣声为"kwuk-kwuk"低喉音。

【生态习性】繁殖于全北界，越冬于南方。在中国，除青藏高原外广布全国，繁殖于新疆西北部和西藏南部，冬季迁至北纬30度以南包括台湾在内的大部分地区。在华北地区为旅鸟，活动于城市公园、郊区的开阔水面。营巢于进水的草丛中，窝卵数6～11枚。

雄鸟 Male

雌鸟 Female

| < 雁形目 ANSERIFORMES < 鸭科 Anatidae | 无危（LC） |

绿翅鸭

学　名：*Anas crecca*
英文名：Green-winged Teal
俗　名：小水鸭、巴鸭

【识别特征】小型、飞行时可见绿色翼镜的鸭，体长34～38厘米。雄鸟喙黑色，前额、头顶至颈部深栗色，头侧眼上方有明显的黄色边缘金属光泽，绿色眼罩横贯头部延伸至颈侧，上体有黑白相间的横纹，翼镜翠绿色有金属光泽，前后缘有白边，尾下覆羽黑色，黑色的尾下羽外缘具黄色块状斑。雌鸟为斑驳的褐色，腹部色淡，翼镜翠绿色有金属光泽，前后缘有白边。雄鸟换羽后似雌鸟。雄鸟鸣声为金属般的"kirrik"声，雌鸟为细高的短"quack"声。

【生态习性】繁殖于古北界，越冬于南方。在中国广布，冬季迁至北纬40度以南的大部分地区。地区性常见。在华北地区为旅鸟，活动于开阔的水面，集群或混群，飞行时振翅极快。营巢于湿地草丛或灌丛中，窝卵数8～11枚。

雄鸟 Male

＜ 雁形目 ANSERIFORMES ＜ 鸭科 Anatidae　　　　　无危（LC）

琵嘴鸭

学　名：*Spatula clypeata*
英文名：Northern Shoveler
俗　名：铲土鸭、宽嘴鸭

雌鸟 Female

雄鸟 Male

【识别特征】大型而易认的鸭，体长44～52厘米。雌、雄鸟喙长而宽，先端铲状。雄鸟喙黑色，虹膜黄色，头、颈深绿色并具光泽。胸部白色，腹部、两胁栗色。尾上覆羽暗绿色，尾下覆羽黑色。翼上覆羽浅灰蓝色，翼镜金属绿色。雌鸟喙橙褐色，虹膜褐色具深色贯眼纹，通体为斑驳的褐色，尾近白色。雄鸟换羽后似雌鸟。鸣声似绿头鸭但更轻且低，也作呱呱叫声。

【生态习性】繁殖于全北界，越冬于南方。在中国广布，繁殖于东北、西北，冬季南迁至北纬35度以南包括台湾、海南在内的大部分地区。地区性常见。在华北地区为旅鸟，单只或集小群，活动于郊区开阔水面。营巢于近水草丛，窝卵数7～13枚。

< 雁形目 ANSERIFORMES < 鸭科 Anatidae 无危（LC）

白眉鸭

学　名：*Spatula querquedula*
英文名：Garganey
俗　名：巡凫

【识别特征】中型的鸭，体长34～41厘米。雄鸟喙黑色，前额及头顶深咖色，宽而长的白色眉纹一直延伸至头后。颈、胸、背咖色，腹部白色。肩羽长，末端尖，黑白色。翼上覆羽蓝灰色，翼镜亮绿色并具白边。尾下覆羽棕色具黑色斑点。雌鸟体羽褐色，具眉纹白色但不及雄性明显，腹部白色，翼镜暗橄榄色并具白色羽缘。雄鸟换羽后似雌鸟。雄鸟发出呱呱叫声似拨浪鼓，雌鸟发出轻"kwak"声。

【生态习性】繁殖于全北界，越冬于南方。在中国，除青藏高原外广布全国，繁殖于东北、西北，冬季南迁至北纬35度以南包括台湾、海南的大部分地区。不常见。在华北地区为罕见旅鸟，喜集群活动于植被丰富的湿地。营巢于湿地草丛、灌丛下的地面，窝卵数8～12枚。

雄鸟 Male

＜雁形目 ANSERIFORMES ＜鸭科 Anatidae | 国家二级 | 无危（LC）

花脸鸭

学　名：*Sibirionetta formosa*
英文名：Baikal Teal
俗　名：眼镜鸭、巴鸭、黄尖鸭

【识别特征】中型的鸭，体长36～44厘米。雄鸟喙黑色，顶冠深褐色，头侧亮绿色，具黄色月牙状斑块和白色细纹形成的醒目花斑。肩羽形长，中心黑而上缘白，翼镜铜绿色。胸部棕色，具褐色斑点，胸侧具一白色条带。尾部黑色，具白色条带。雌鸟似白眉鸭和绿翅鸭，但体形略大且喙基有白点，颊部有白色月牙状斑，全身褐色。雄鸟换羽后似雌鸟。雄鸟在春季发出深沉的"wot-wot-wot"声，雌鸟发出呱呱低叫声。

雌鸟 Female

【生态习性】繁殖于东北亚，以及中国、朝鲜半岛和日本。国内分布于东部和南部地区，繁殖于东北地区的小型湖泊，少数个体越冬于华中和华南的一些地区，偶见于香港。喜集群或混群，种群数量多年以来持续下降。在华北地区为旅鸟，活动于水面或湿地周边的农田。营巢于草丛中，窝卵数6～9枚。

雄鸟 Male

| ＜雁形目 ANSERIFORMES ＜鸭科 Anatidae | 无危（LC） |

赤嘴潜鸭

学　名：*Netta rufina*
英文名：Red-crested Pochard
俗　名：大红头鸭

雄鸟 Male

雌鸟 Female

【识别特征】大型的皮黄色鸭，体长51～57厘米。雄鸟繁殖羽易认，锈色头部和橙红色喙与黑色前半身形成鲜明对比。两胁白色，尾部黑色，翼下覆羽和飞羽白色，飞行时可见。雌鸟褐色，两胁无白色，但脸、喉及颈侧为白色，额、头顶及枕部深褐色，眼周色最深，喙黑色并具黄端。雄鸟冬羽似雌鸟但喙为红色。虹膜红褐色；雄鸟跗跖粉红色，雌鸟跗跖灰色。较安静。求偶时雄鸟发出"呼哧呼哧"的喘息声，雌鸟作粗喘声。

【生态习性】繁殖于东欧、西亚；越冬于地中海、中东、印度、缅甸。在中国，繁殖于西北地区，最东可至内蒙古乌梁素海，冬季散布于华中、东南及西南各处。地区性常见。在华北，见于各大水库、湖泊、河流，为不常见旅鸟。多成对或集群活动，主食水生植物，既可潜水，亦可头下尾上似河鸭状觅食。营巢于苇丛中，窝卵数7～9枚。

< 雁形目 ANSERIFORMES < 鸭科 Anatidae　　　　无危（LC）

凤头潜鸭

学　名：*Aythya fuligula*
英文名：Tufted Duck
俗　名：—

【识别特征】矮胖而敦实的小型潜鸭，体长40～49厘米。头顶具长羽冠。雄鸟喙灰色，喙端黑色；虹膜黄色；头部羽冠较长，通体黑色，仅腹部和体侧白色。雌鸟凤冠较雄鸟短，具浅色颊斑；通体深褐色，两胁褐色；飞行时可见次级飞羽上有白色条带；尾下覆羽偶为白色。幼鸟似雌鸟，但眼为褐色。雄鸟换羽后似雌鸟，但两胁为灰色。与白眼潜鸭区别于头顶更平而眉突出。飞行时发出沙哑、低沉的"kur-r-r, kur-r-r"声。

【生态习性】繁殖于古北界北部，越冬于南方。在中国广布，繁殖于东北，迁徙时途经中国大部分地区至华南包括台湾越冬，地区性常见。在华北地区为旅鸟，活动于城区、郊区的水库以及湖泊、深塘等水域，潜水觅食，飞行迅速。营巢于浸水的草丛或灌丛，窝卵数8～10枚。

雌鸟 Female

雄鸟 Male

< 雁形目 ANSERIFORMES < 鸭科 Anatidae　　　　　易危（VU）

红头潜鸭

学　名：*Aythya ferina*
英文名：Common Pochard
俗　名：红头鸭

【识别特征】中型潜鸭，体长41～50厘米。雄鸟喙基和喙端黑色，喙中段亮灰色；虹膜红色；头、颈栗红色；胸、腰、尾黑色；背部及两枚翼偏灰色，近看可见白色细纹。雌鸟喙黑色，有明显的黄色"眼圈"，虹膜褐色。头、颈、胸及尾部褐色，背灰褐色。雄鸟鸣声为独特的二哨音，雌鸟受惊时发出粗哑"krrr"的大叫声。

【生态习性】繁殖于西欧至中亚，越冬于北非、印度及中国。在中国广布，繁殖于西北，冬季迁徙至华东及华南。在华北地区为旅鸟，活动于植物丰富的湿地或水面，善潜水，集小群或混群。筑巢于苇丛中，窝卵数6～9枚。

雄鸟 Male

| ＜雁形目 ANSERIFORMES ＜鸭科 Anatidae | 国家一级 | 极危（CR） |

青头潜鸭

学　名：*Aythya baeri*
英文名：Baer's Pochard
俗　名：白眼鸭、青头鸭

雄鸟 Male

雌鸟 Female

【识别特征】体形紧凑的近黑色潜鸭，体长42～47厘米。胸深褐色，腹部及两胁白色，翼下覆羽和次级飞羽白色，飞行时可见黑色前翼缘。雄鸟喙灰色，端部黑色，繁殖羽头部亮绿色，背、翼上覆羽深褐色；腰、尾上覆羽黑色；虹膜白色。雌鸟眼先栗色，头、颈黑褐色。与凤头潜鸭雄鸟区别在于头部无羽冠，体形较小，两胁白斑线条不够整齐且尾下覆羽白色。与白眼潜鸭区别在于头顶更平，棕色多些，赤褐色少些且腹部白色延及体侧。雄雌两性求偶时均会发出粗哑的"graaaak"声，冬季非常安静。

【生态习性】繁殖于西伯利亚及中国东北，越冬于东南亚。过去曾常见，近年来数量锐减，为极危物种。国内见于东部至南部，繁殖于东北，近年来在华北和华中等地也有繁殖记录，迁徙时见于华东，越冬于华南大部分地区。在香港偶有记录。在华北地区为旅鸟，成对活动，可见于水库、河流、池塘、湖泊及水生植物丰富的湿地。营巢于湿地的苇丛或草丛中，窝卵数6～15枚。

< 雁形目 ANSERIFORMES < 鸭科 Anatidae	近危（NT）

白眼潜鸭

学　名：*Aythya nyroca*
英文名：Ferruginous Duck
俗　名：大红头鸭

【识别特征】通体深色的潜鸭，体长33～43厘米。眼和尾下覆羽白色。雄鸟喙灰色，端部黑色；虹膜白色；头、颈、胸及两胁深栗色；上体深褐色；腹部白色；腰和尾上覆羽黑色。雌鸟虹膜褐色，全身以褐色为主，较雄鸟色淡；头部侧影顶冠高耸。飞行时可见飞羽为白色并具狭窄黑色后翼缘。雄雌两性与凤头潜鸭雌鸟的区别在于白色的尾下覆羽，头形有异，无羽冠，喙部无黑色次端条带。与青头潜鸭的区别在于两胁白色较少。雄性求偶期发出"wheeoo"哨音，雌性发出粗哑的"gaaa"声。

【生态习性】繁殖于古北界，越冬于非洲、中东、印度及东南亚。在中国，除东北外广布全国，为地区性常见或罕见，繁殖于新疆西部、南部和内蒙古的湖泊，越冬于长江中游地区、云南西北部及河北南部。在华北地区为旅鸟，可见于沼泽、湖泊、河流、开阔水域及水生植物丰富的湿地。擅潜水，性机警。营巢于湿地苇丛或草丛中，窝卵数7～11枚。

雄鸟 Male

＜雁形目 ANSERIFORMES ＜鸭科 Anatidae　　　无危（LC）

学　　名：*Bucephala clangula*
鹊　鸭　　英文名：Common Goldeneye
俗　　名：喜鹊鸭、白颊鸭、金眼鸭

【识别特征】中型的深色潜水鸭，体长40～48厘米。头大而高耸，眼金色。雄鸟喙黑色，喙基部具大块白色圆斑；头部为墨绿色；颈部、上体黑色；胸、腹和次级飞羽为白色，上翼极白。雌鸟烟灰色；喙深褐色，端部黄色；头、颈褐色，无白斑且不具光泽，通常有狭窄的白色前颈环。雄鸟换羽后似雌鸟，但喙基部具浅色点斑可区分。虹膜和跗跖皆为黄色。飞行时振翅发出啸音。雄鸟求偶时发出一系列怪啸音和喘息声，雌鸟复以粗哑"graa"声，逃逸时亦发出类似叫声。

【生态习性】分布于全北界，繁殖于亚洲北部，越冬于中国中部及东南部。在中国广布，候鸟罕见，繁殖于西北地区和黑龙江北部，迁徙时记录于北方地区，越冬于南方地区至台湾。在华北地区为旅鸟及冬候鸟，可见于城区、郊区各种开阔水域。擅潜水，偶有混群，游泳时尾上翘。营巢于树洞中，窝卵数8～12枚。

雄鸟 Male

雌鸟 Female

< 雁形目 ANSERIFORMES < 鸭科 Anatidae　　国家二级　　无危（LC）

斑头秋沙鸭

学　名：*Mergellus albellus*
英文名：Smew
俗　名：白秋沙鸭、小鱼鸭、鱼猴子

【识别特征】小型而优雅的鹊色鸭，体长38～44厘米。雄鸟喙黑色，眼周近黑。通体大部白色，顶部具短冠羽。枕纹、上背部、初级飞羽和胸部狭纹为黑色，翼上覆羽具白色。体侧灰色狭长细纹。雌鸟和雄鸟冬羽上体灰色，具两道白色翼斑，下体白色，眼周近黑色，额、项冠和枕部栗色。与普通秋沙鸭的区别在于喉部白色、喙黑色。雄鸟求偶时发出呱呱低声和啸音，雌鸟发出低沉啸声。

【生态习性】繁殖于北欧、北亚，越冬于印度北部、中国和日本。除青藏高原外广布全国，但不常见，繁殖于内蒙古东北部的沼泽地带，冬季南迁时途经中国大部分地区。在华北地区为旅鸟和冬候鸟，可见于小型池塘、河流、湖泊、水库等水域。擅潜水，性机警，单只或集小群活动。营巢于树洞中，窝卵数6～10枚。

左雌右雄Female (left), Male (right)

< 雁形目 ANSERIFORMES < 鸭科 Anatidae　　　　无危（LC）

普通秋沙鸭

学　名：*Mergus merganser*
英文名：Common Merganser
俗　名：拉他鸭子

雄鸟 Male

雌鸟 Female

【识别特征】较大型的潜水鸭，体长54～68厘米。细长的红色喙端部具钩。通体具蓬松丝状羽，是秋沙鸭中体形最大的一种。雄鸟具短而厚的冠羽，头、背部绿黑色。与干净的乳白色胸、腹对比明显。飞行时可见翼部白色，外侧三级飞羽黑色。雌鸟和雄鸟冬羽上体深灰色，腹部浅灰，头棕褐色，颏白色。跗跖红色。较红胸秋沙鸭体形更厚实。飞行时次级飞羽及覆羽全白，而无红胸秋沙鸭的黑色条带。雄鸟求偶时发出尖厉的"uig-a"声，雌鸟则有几种粗哑叫声。

【生态习性】分布于北半球，是常见的留鸟和候鸟。在中国广布，是秋沙鸭中分布最广的一种。在华北地区为旅鸟和冬候鸟，可见于城区和郊区湍急的河流、湖泊和水库中。擅潜水捕鱼，喜集群活动。

| ＜雁形目 ANSERIFORMES ＜鸭科 Anatidae | 无危（LC） |

红胸秋沙鸭

学　名：*Mergus serrator*
英文名：Red-breasted Merganser
俗　名：拉他鸭子

雄鸟 Male

雌鸟 Female

【识别特征】中型的深色潜水鸭，体长52～60厘米。喙红色，尖细而长，端部略向下弯，微呈钩状。丝状冠羽长而尖，略向上翘。雄鸟头部绿黑色，背部黑色，上颈白色，下颈至胸部红棕色，胸侧黑色具白色斑点，两胁有灰白色相间的波状纹，腰、尾羽灰褐色，余部白色。雌鸟羽色暗且偏褐色，眼先、颏、喉白色，头部棕红色渐变为颈部灰白色，胸淡褐色，上体两胁灰色，下体白色。跗跖橙色。与普通秋沙鸭的区别在于胸部色深，羽冠更长。雄鸟求偶时发出多种轻柔似猫的叫声，雌鸟繁殖季节及飞行时发出似喘息声。

【生态习性】繁殖于全北界及印度、中国，越冬于东南亚。除西南地区外，广布全国，繁殖于黑龙江省北部，冬季途经中国大部分地区至东南沿海省份及台湾越冬。在华北地区为不常见旅鸟，活动于开阔水面、大型水库、湖泊、河流等，擅潜水，成对或集小群。

< 䴙䴘目 PODICIPEDIFORMES < 䴙䴘科 Podicipedidae　　无危（LC）

小 䴙䴘
pì tī

学　名：*Tachybaptus ruficollis*
英文名：Little Grebe
俗　名：水葫芦、王八鸭子

【识别特征】小型而矮胖的深色䴙䴘，体长23～32厘米。雌雄同色。成鸟繁殖羽喙黑色，端部白色，嘴裂处具明显椭圆形黄斑。虹膜淡黄色。喉部、前颈偏红，顶冠和颈部后方深灰褐色，上体褐色，腹部白色，下体偏灰。换羽后上体灰褐色，下体白色。幼鸟头部、颈部具黑白相间的纵纹。鸣声为重复的高音"ke-ke-ke-ke"，求偶期互相追逐时常发出此声。

【生态习性】分布于非洲、欧亚大陆、日本群岛、东南亚至新几内亚岛北部。在中国，为留鸟或候鸟，分布于全国各地包括台湾和海南。在华北地区为夏候鸟和旅鸟，常见于城区、郊区的湖泊、池塘、水库、河流等各类湿地水域。擅潜水，喜在清澈水面单独或集分散小群活动，繁殖期在水上相互追逐并发出叫声，鸣声为一连串响亮而尖锐的颤音。有将低龄雏鸟负于背上活动的习性。于湿地上营浮巢，窝卵数4～7枚。

繁殖羽 Breeding

非繁殖羽 Non-breeding

白化个体 Albino

< 䴙䴘目 PODICIPEDIFORMES < 䴙䴘科 Podicipedidae　　**无危（LC）**

pì tī
赤颈䴙䴘

学　名：*Podiceps grisegena*
英文名：Red-necked Grebe
俗　名：—

国家二级

【识别特征】比凤头䴙䴘更小，体形短且圆润，体长40～57厘米。雌雄同色。成鸟喙暗灰色，喙基具特征性黄斑。头顶黑色略具羽冠。夏羽顶冠黑色，颊、颔、喉灰白色，前颈、胸部栗色，后颈、上体、两翼深褐色，下体白色。幼鸟头部、颈部具黑白相间的纵纹，体灰色。比起凤头䴙䴘匕首状的喙形，喙更短而粗，冬羽的区别在于脸颊和前颈灰色较多，喙的形状和颜色亦不相同。营巢时甚嘈杂，发出"uooh，uooh，uooh"的嚎叫并以粗哑嘶叫声收尾，亦作粗哑的"cherk"声。

【生态习性】分布于全北界。斯堪的纳维亚半岛和西伯利亚繁殖的种群越冬于伊朗和北非，北美洲和东北亚繁殖的种群越冬于中国、日本和美国南部。国内分布于东部和西北地区，繁殖于东北地区湿地，迁徙途经东北，在东部和东南沿海地区有越冬记录。在华北地区为旅鸟，可见于较大的水库、湖泊、河流。擅潜水，常跃出水面，常单只或成对活动。有将低龄雏鸟负于背上活动的习性。营浮巢于湿地苇丛中，窝卵数4～5枚。

< 䴙䴘目 PODICIPEDIFORMES < 䴙䴘科 Podicipedidae　　无危（LC）

凤头䴙䴘
pì tī

学　名：*Podiceps cristatus*
英文名：Great Crested Grebe
俗　名：浪里白

【识别特征】大型而优雅的䴙䴘，体长45～55厘米。喙黄色，长而尖锐，上喙灰色，下喙基部偏红。虹膜近红色。头顶黑色，两侧羽毛较长形成明显的深色羽冠。颈部修长，枕部、喉部及后颈有丝状饰翎似耳羽束，由栗色向深棕色过渡。颊部、前颈、胸、腹皆为白色，上体灰褐色，下体白色。冬羽棕色饰羽换为白色。与赤颈䴙䴘的区别在于脸侧白色延伸过眼且喙更长。成鸟发出深沉而洪亮的叫声，亦发出似蛙鸣的叫声。雏鸟乞食时发出"ping-ping"般笛声。

【生态习性】分布于古北界，以及非洲、印度、澳大利亚和新西兰。在中国，指名亚种为地区性常见鸟，广布于较大湖泊。部分为候鸟。在华北地区为夏候鸟和旅鸟。常见于有大面积水域的城市公园、郊区的开阔而水流平缓的湿地。擅潜水，繁殖期有精湛的求偶炫耀行为，雌雄共同孵化育雏，有将低龄雏鸟负于背上活动的习性。以芦苇、水草营浮巢，窝卵数4～6枚。

雄鸟 Male / 繁殖羽 Breeding

非繁殖羽 Non-breeding

< 鹛䴙目 PODICIPEDIFORMES < 鹛䴙科 Podicipedidae　　易危（VU）

pì tī
角鹛䴙　　学　名：*Podiceps auritus*
英文名：Horned Grebe
俗　名：—

国家二级

【识别特征】中型而紧凑的鹛䴙，体长31～39厘米。雌雄同色。成鸟喙黑色、直而尖，端部偏白。虹膜红色，眼圈白色，眼先淡色，自眼先至枕部两侧各具一簇标志性的橙黄色饰羽。头黑色，略具羽冠。前颈、颈侧、胸及两胁深栗色，后颈、上体黑色，腹部白色。换羽后头顶、后颈及上体黑色，头侧、前颈、胸及下体白色。冬羽较黑颈鹛䴙脸上白色更多，喙部上翘，头更大而平。飞行时与黑颈鹛䴙的区别在于翼下覆羽为白色。偏白色的喙端有别于小鹛䴙以外的其他所有鹛䴙。非繁殖期安静；繁殖期做颤音二重唱，似小鹛䴙但鼻音较重，亦作粗哑而多喉音的叫声。

【生态习性】繁殖于整个北半球温带地区的淡水水域，冬季分散至约北纬30度以南包括沿海水域的区域。国内罕见，繁殖于天山西部，有记录迁徙时见于东北地区，越冬于东南地区及长江下游。迷鸟见于台湾，香港亦有记录。在华北地区为旅鸟，可见于较大的湖泊、水库、河流。单独或成对远离岸边活动，冬季集小群。营浮巢，窝卵数4～5枚。

< 鸊鷉目 PODICIPEDIFORMES < 鸊鷉科 Podicipedidae　　无危（LC）

国家二级

pì tī
黑颈鸊鷉

学　名：*Podiceps nigricollis*
英文名：Black-necked Grebe
俗　名：浪里白

【识别特征】中型鸊鷉，体长25～35厘米。雌雄同色。成鸟喙黑色，略上翘。虹膜红色。具有松软的黄色耳羽束。头、颈、上体黑色，胸、腹白色，胸侧、两胁、翼为栗色。冬羽通体黑色，仅颊、颏、喉、前颈、胸及下体灰白色。幼鸟似成鸟冬羽，但褐色较重，胸部具深色带，眼圈白色。与角鸊鷉区别在于喙更为上翘，冬羽喙全深色，深色的顶冠延至眼下，颏部白色延至眼后并呈月牙状，飞行时翼下覆羽不白。繁殖期发出如笛音的哀鸣"coo-eeet"和尖厉颤音。

【生态习性】不连贯分布于北美西部、欧亚大陆至蒙古国西部、非洲、南美和中国东北。冬季分散至北纬30度以南地区。在中国，指名亚种为罕见繁殖鸟和冬候鸟，繁殖于天山西部、内蒙古和东北地区，迁徙时见于中国大部分地区，越冬于华南、东南沿海和西南部的河流中。在华北地区为旅鸟，可见于水库、湖泊、河流、池塘等湿地的开阔水面。擅潜水，单独、成对或集小群活动。营浮巢于水面，固定于芦苇等挺水植物上，窝卵数4～6枚。

雄鸟 Male

雌鸟和幼鸟 Female and juvenile

< 鲣鸟目 SULIFORMES < 鸬鹚科 Phalacrocoracidae　　　无危（LC）

普通鸬鹚
lú cí

学　名：*Phalacrocorax carbo*
英文名：Great Cormorant
俗　名：黑鱼郎、鱼鹰、水老鸦

左雌右雄 Female (left), Male (right)

【识别特征】大型的亮黑色鸬鹚，体长77～94厘米。雌雄相似。喙灰色，长而厚重，前端钩状。虹膜翠色，眼周黄色。脸颊和喉部白色。通体黑色，具铜绿色金属光泽。繁殖羽颈部和头部具白色丝状饰羽，两胁具白斑；非繁殖羽无此特征。亚成鸟喙黑色，虹膜蓝色，喉部裸露皮肤黄色，通体深褐色，下体具白斑。繁殖期发出带喉音的咕哝声，余时通常较安静。

【生态习性】分布于北美东部沿海、欧洲、俄罗斯南部、非洲西北部和南部、中东、亚洲中部，印度和中国大部分地区，东南亚、澳大利亚、新西兰等大洋洲地区。部分个体为候鸟。在中国广布，繁殖于各地的适宜生境，大群聚集于青海湖，迁徙途经中部地区，越冬于南方各省份包括海南及台湾。在繁殖地常见，其他地区罕见。在华北地区为旅鸟，常见于开阔水域。因尾脂腺不发达，多在岸边树上展翅理羽。集大群，集群飞行时呈"V"字形或直线。因擅捕鱼，一些中国渔民捕捉并训练它们捕鱼。营巢于水边树上，窝卵数3～5枚。

< 鸻形目 CHARADRIIFORMES < 鸥科 Laridae　　　　　无危（LC）

棕头鸥

学　名：*Chroicocephalus brunnicephalus*
英文名：Brown-headed Gull
俗　名：—

【识别特征】中型白色鸥，体长41～51厘米。背部灰色，初级飞羽基部具大块白斑，黑色翼尖具白色点斑为重要识别特征。冬羽眼后具深褐色斑块。夏羽头、颈部褐色。与红嘴鸥的区别在于虹膜色浅、喙较厚、体形略大且翼尖斑纹不同。第一冬鸟似成鸟冬羽，但翼尖无白色点斑、尾端具黑色横带。虹膜淡黄色或灰色，眼周裸露皮肤红色，喙红色，跗跖朱红色。沙哑的"gek，gek"声和响亮的"ko-yek，ko-yek"哭叫声。

【生态习性】繁殖于中亚，越冬于印度、中国部分地区和东南亚。在中国通常罕见，但为繁殖地的地区性常见鸟，繁殖于西藏中部和青海，迁徙时见于华北和西南地区，部分个体越冬于云南西部并偶至香港。在华北地区为罕见迷鸟。可见于内陆湖泊、河流、河口、沿海及海上，喜集群或混群，集大群营巢于近水裸地或草地上，窝卵数3枚。

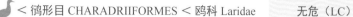

＜鸻形目 CHARADRIIFORMES ＜鸥科 Laridae	无危（LC）

红嘴鸥

学　名：*Chroicocephalus ridibundus*
英文名：Black-headed Gull
俗　名：黑头鸥、笑鸥、钓鱼郎

繁殖羽 Breeding

非繁殖羽 Non-breeding

【识别特征】中型的灰、白色鸥，体长36～42厘米。雌雄同色。体形和毛色都与鸽子相似。繁殖羽具细窄白色眼圈及延至白色后顶的深褐色头罩。冬羽头部白色，眼后部及耳部具深色斑纹。前翼缘白色，翼尖黑色不长且无白色点斑。第一冬鸟尾部具黑色次端条带，后翼缘黑色，体羽杂褐色斑。虹膜褐色，喙和跗跖为红色（未成年鸟喙端黑色、跗跖色较淡）。鸣声为沙哑的"kwar"声。

【生态习性】繁殖于古北界，越冬于印度和东南亚国家。在中国甚常见，广布于湖泊、河流及沿海地区。在华北地区是城区、郊区湿地常见旅鸟。喜在海上立于漂浮物或柱子上，或与其他鸥类混群在鱼群上做似燕鸥的盘旋飞行。在陆地上夜栖于水面或地面。主要以鱼、虾、昆虫、水生植物和人类丢弃的食物残渣为食。窝卵数2～4枚。

< 鸻形目 CHARADRIIFORMES < 鸥科 Laridae　　　　无危（LC）

黑尾鸥

学　名：*Larus crassirostris*
英文名：Black-tailed Gull
俗　名：黑尾海鸥、黑尾钓鱼郎

【识别特征】中型鸥，体长45～51厘米。雌雄同色。两翼长而窄，上体深灰色，腰部白色，尾部白色并具宽大黑色次端条带。冬羽顶冠和枕部具深色斑。两翼合拢时可见翼尖上的4个白点。第一冬鸟体羽色较深为褐色，脸部色浅，喙粉红而端黑，尾羽黑而尾上覆羽白。第二年鸟似成鸟但翼尖褐色、尾上黑色较多。虹膜色浅，眼周红色。喙黄色，喙尖端具红色和黑色斑。跗跖为黄绿色。鸣声为哀怨的咪咪声。

【生态习性】分布于日本沿海和中国海域。在中国分布于东部至南部沿海地区。在华北地区见于水库、湖泊、河流等开阔水面。集小群活动，性情凶猛，常追随船只飞行，主要在海面上捕食上层鱼类为食。窝卵数2枚。

71

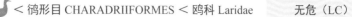

< 鸻形目 CHARADRIIFORMES < 鸥科 Laridae　　　无危（LC）

西伯利亚银鸥

学　名：*Larus smithsonianus*
英文名：Siberian Gull
俗　名：黑鱼郎、鱼鹰、水老鸦

【识别特征】大型灰色鸥，体长55～68厘米。雌雄同色。体灰色具蓝色光泽。冬羽头、枕部密布灰褐色纵纹，有时延至胸部。通常三级飞羽和肩羽具宽阔白色月牙状斑。双翼合拢时可见多至5枚大小均等的明显白色翼尖。飞行时可见第十枚初级飞羽上的中等大小白色翼斑和第九枚初级飞羽上的较小翼斑。浅色的初级飞羽和次级飞羽内侧与白色翼下覆羽对比不甚明显。虹膜浅黄色至偏褐色，喙黄色并具红点，跗跖粉红色。鸣声响亮，似"klewo"声，并伴有短促的"ge-ge"声。

【生态习性】繁殖于俄罗斯及西伯利亚北部，越冬于南方地区。在中国冬季甚常见，迁徙经东北地区，越冬于渤海、华东、华南和台湾沿海，并见于中国南方的主要河流。集群活动，低飞于水面上空，飞行轻快敏捷，喜跟随船只捡拾残食。主要以小鱼、甲壳类、昆虫等小型动物为食。窝卵数2～3枚。

亚成鸟 Immature

成鸟 Adult

＜ 鸻形目 CHARADRIIFORMES ＜ 鸥科 Laridae　　　　无危（LC）

普通燕鸥

学　名：*Sterna hirundo*
英文名：Common Tern
俗　名：燕鸥、长翅海燕

【识别特征】体形略小的燕鸥，体长31～38厘米。雌雄同色。顶冠黑色，翅长而窄，尾羽深开叉。繁殖羽整个顶冠黑色，胸部灰色。非繁殖羽翼上

和背部灰色，尾上覆羽、腰部和尾羽白色，额部白色，顶冠具黑白色杂斑，枕部最黑，下体白色。飞行时，成鸟非繁殖羽和成鸟的特征为前翼缘近黑色、外侧尾羽羽端偏黑色。第一年冬鸟上体偏褐色，翕部具鳞状斑。冬羽喙全黑，夏羽喙基红色，跗跖偏红色而冬季较暗。鸣声为沙哑的降调"keer-ar"声，重音在第一音节。

【生态习性】繁殖于北美和古北界，越冬于南美、非洲、印度洋部分岛屿，以及印度尼西亚和澳大利亚。在中国为常见的夏候鸟和过境鸟。集小群活动，喜沿海水域，有时见于内陆淡水中，停歇于突出区域如浮台和岩石。飞行有力，从高处俯冲潜入海中觅食，以小鱼、虾等小型动物为食。窝卵数2～5枚。

< 鸻形目 CHARADRIIFORMES < 鸥科 Laridae   无危（LC）

灰翅浮鸥
学　名：*Chlidonias hybrida*
英文名：Whiskered Tern
俗　名：—

【识别特征】体形较小的浅色燕鸥，体长23～28厘米。雌雄相似。繁殖羽额至枕黑色，颊部白色，胸腹部深灰色，翅短而圆，尾羽色浅开叉。非繁殖羽喙粗短为暗红色，黑色耳斑不超过眼下缘。额白色，头顶仅后部具黑色纵纹，枕黑色，顶后及颈背黑色。下体白色，翼、颈背、背及尾上覆羽灰色，翅尖明显超过尾尖。鸣声为沙哑续断的"kitt"声或"ki-kitt"声。

【生态习性】繁殖于非洲南部、西古北界南部、南亚和澳大利亚。在中国，分布于东部和中部。在华北地区见于水生植物丰富的较大河流、湖泊和水库，是常见的夏候鸟和旅鸟。集群在水面上空飞翔，飞行时常喙朝下，用喙轻点水面觅食，也能悬停。窝卵数2～4枚。

Ⅲ 涉禽

< 鸻形目 CHARADRIIFORMES < 反嘴鹬科 Recurvirostridae 无危（LC）

黑翅长脚鹬 yù

学　名：*Himantopus himantopus*
英文名：Black-winged Stilt
俗　名：长腿娘子、高跷鹬

【识别特征】高挑、修长的黑白色鹬，体长35～40厘米。具特征性的细长黑色喙、黑色双翼、修长淡红色跗跖和白色体羽。头部黑白色，个体差异较大，一些个体头部全白。幼鸟体羽偏褐色，顶冠和颈部后方沾灰。虹膜粉红色。多在繁殖期鸣叫，连续而清脆，似高音管笛声，鸣声为"kik-kik-kik"声。

【生态习性】分布于印度、中国和东南亚。在中国广泛分布。在华北地区见于开阔的湖泊、河流、沼泽等湿地的浅水处，是常见的旅鸟和夏候鸟。主要以软体动物、甲壳类、环节动物、昆虫以及小鱼和蝌蚪等动物性食物为食。窝卵数4枚。

雄鸟 Male

雌鸟 Female

< 鸻形目 CHARADRIIFORMES < 反嘴鹬科 Recurvirostridae 无危（LC）

反嘴鹬

yù

学　名：*Recurvirostra avosetta*
英文名：Pied Avocet
俗　名：翘嘴娘子、反嘴鹬

【识别特征】不易被误认的中型高挑的黑白色鹬，体长40～45厘米。雌雄相似。喙细长向上弯明显，具有白色眼圈，体羽黑白分明，跗跖青灰色。飞行时下方体羽全白，仅翼尖为黑色。从上方可见黑色翼上横纹和肩部条纹，野外不难识别。鸣声为"kluit, kluit, kluit"声。

【生态习性】分布于欧洲至中国、印度和非洲南部。在中国，繁殖于北方，集大群越冬于东南沿海、西藏，偶见于台湾。在华北地区为不常见的旅鸟。栖息于平原和半荒漠地区的湖泊、水塘和沼泽地带，有时也栖息于海边水塘和盐碱沼泽地。迁徙期间也常出现于水稻田和鱼塘。冬季多栖息于海岸及河口地带。善游泳，能倒立水中进食。主要以小型甲壳类、水生昆虫、昆虫幼虫、蠕虫和软体动物等小型无脊椎动物为食。觅食时用喙在两侧甩动。飞行时快速振翅并作长距离滑翔。成鸟伴装断翅以将捕食者从幼鸟身边引开。窝卵数4枚。

﹤鸻形目 CHARADRIIFORMES ﹤鸻科 Charadriidae	近危（NT）

凤头麦鸡

学　名：*Vanellus vanellus*
英文名：Northern Lapwing
俗　名：田凫

【识别特征】较大的黑白色麦鸡，体长29～34厘米。雌雄相似。顶冠色深，具细长而窄的前翻状黑色长羽冠，耳羽黑色，头侧和喉部污白色，背羽绿紫黑色带有金属光泽，胸部具较宽的黑色胸带，腹部白色，尾白色而具宽阔黑色次端条带。鸣声为拖长的"pee-wit"鼻音。

【生态习性】繁殖于古北界，越冬于南亚次大陆和东南亚北部。在中国甚常见，繁殖于北方大部分地区，迁徙途经青藏高原西部以外的大部分地区，越冬于南方。在华北地区是常见的旅鸟。常集群活动，栖息于耕地、稻田和矮草地，食蝗虫、蛙类、小型无脊椎动物、植物种子等，能迅速捕捉食物。窝卵数3～5枚。

＜鸻形目 CHARADRIIFORMES ＜鸻科 Charadriidae　　　无危（LC）

灰头麦鸡

学　名：*Vanellus cinereus*
英文名：Grey-headed Lapwing
俗　名：跳兔

【识别特征】大型的灰、白、黑色麦鸡，体长34～37厘米。雌雄相似。头、胸灰色，翕部和背部褐色，翼尖、胸带和尾部具横斑黑色，其余下体白色，背茶褐色，尾上覆羽和尾白色，尾具黑色端斑。喙黄色，先端黑色。跗跖较细长，亦为黄色。未成年鸟似成鸟，但体羽偏褐色且无黑色胸带。告警声为响亮的"chee-it，chee-it"，飞行时作尖声"kik"声或"kikikikik"声。

【生态习性】越冬于南亚次大陆东北部、东南亚。在中国，繁殖于东北各省至长江流域，西至青藏高原东缘的广大地区，迁徙途经我国大部分地区，不途经新疆、西藏，越冬于华南地区。在华北地区为不常见的旅鸟。集小群活动，飞行略显沉重且缓慢。栖于近水的开阔地带、河滩、稻田和沼泽，以蚯蚓、昆虫、螺类等为食。窝卵数4枚。

< 鸻形目 CHARADRIIFORMES < 鸻科 Charadriidae　　　无危（LC）

金眶鸻
héng

学　名：*Charadrius dubius*
英文名：Little Ringed Plover
俗　名：黑领鸻

【识别特征】小型而喙短的鸻，体长15～18厘米。雌雄相似。成鸟繁殖羽喙黑色，具显著的金黄色眼圈，前额白色，头顶前部至头两侧黑色，眼后方眉纹白色，头顶后部、上体、两翼及尾羽褐色，尾羽端部羽色较深，额、喉、颈白色，具黑色胸带，其余下体白色，跗跖橙色。成鸟非繁殖羽头部及胸部以褐色取代黑色。幼鸟似非繁殖羽成鸟，但胸带断开。飞行时发出清晰而柔和的拖长降调哨音"kee-oo"。

【生态习性】繁殖于北非、古北界、东南亚至新几内亚岛，冬季南迁。通常出现在沿海溪流、河流的沙洲，也见于沼泽和沿海滩涂，有时见于内陆地区。于近水地面的浅坑营巢，窝卵数3～5枚。

＜鸻形目 CHARADRIIFORMES ＜水雉科 Jacanidae　　　无危（LC）

水　雉　　学　名：*Hydrophasianus chirurgus*
zhi　　　　　英文名：Pheasant-tailed Jacana
　　　　　俗　名：水凤凰、凌波仙子

国家二级

【识别特征】较大、尾长的深褐色和白色水雉，体长31～58厘米。飞行时，白色双翼明显。冬羽顶冠、背部和胸上横斑灰褐色，颏、前颈、眉纹、喉部和腹部白色。黑色的贯眼纹延至颈侧，枕部下方金色。外侧初级飞羽羽端延长。告警时为尖叫声或响亮的"chereeow"鼻音。

【生态习性】繁殖于南亚次大陆、中国部分地区、东南亚，越冬于菲律宾和大巽他群岛。在中国曾为常见候鸟，现因缺少宁静生境已罕见。繁殖于北纬32度以南包括台湾、海南和西藏东南部在内的所有地区，华北地区亦有繁殖记录，部分个体越冬于台湾和海南。常在小型池塘和湖泊的睡莲、荷花等漂浮植物的叶片上行走觅食，间或短距离跃飞到新的觅食点。一雌多雄制，一只雌鸟与多只雄鸟交配后产数窝卵，窝卵数4枚，由不同的雄鸟孵化并完成育雏。

＜鸻形目 CHARADRIIFORMES ＜ 鹬科 Scolopacidae　　无危（LC）

丘^{yù} 鹬

学　名：*Scolopax rusticola*
英文名：Eurasian Woodcock
俗　名：山鹬

【识别特征】大型而丰满的鹬，体长33～38厘米。雌雄同色。喙长而直，跗跖短。起飞时振翅嗖嗖作响。占域飞行缓慢，于树冠高度起飞时，喙向下。飞行姿态笨重，两翼较宽。受惊时安静无声，偶尔发出快速的"etsh-etsh-etsh"声。占域飞行时雄鸟发出"oo-oort"声，续以爆破式尖叫。

【生态习性】繁殖于古北界，越冬于东南亚。在中国，繁殖于黑龙江北部、新疆西北部天山、四川和甘肃南部，迁徙时途经中国大部分地区，越冬于北纬32度以南多数地区，包括台湾和海南。在华北地区为不常见的旅鸟。栖息于阴暗潮湿、林下植物发达、落叶层较厚的阔叶林和混交林中，有时也见于林间沼泽、湿草地和林缘灌丛地带。夜行性的森林鸟，喜独居。白天隐蔽，伏于地面，夜晚下至开阔地觅食。主要以昆虫幼虫及鞘翅目、双翅目、鳞翅目成虫和蚯蚓、蜗牛等小型无脊椎动物为食，有时也食植物根、浆果和种子。窝卵数3～5枚。

< 鸻形目 CHARADRIIFORMES < 鹬科 Scolopacidae　　无危（LC）

扇尾沙锥

zhuī

学　名：*Gallinago gallinago*
英文名：Common Snipe
俗　名：田鹬

【识别特征】中型而色彩明艳的沙锥，体长24～29厘米。两翼细而尖。次级飞羽具宽阔白色后缘、翼下具白色宽斑。皮黄色眉纹和浅色脸颊对比明显。肩羽边缘浅色且宽于内缘。肩羽线条比中部线条更浅。鸣声为响亮而有韵律的"tich-a，tich-a…"声，常于停栖处鸣叫。受惊时发出响亮而上扬的"jett…jett"告警声。

【生态习性】繁殖于古北界，越冬于非洲、印度和东南亚。在中国，繁殖于东北地区和西北天山地区，迁徙时常见于大部分地区，越冬于西藏南部、云南和北纬32度以南大部分地区。在华北地区为区域性常见旅鸟。过境时多集松散的小群活动。飞行时忽上忽下，似"Z"形。营巢于森林、草原、沼泽等地的地面，窝卵数3～5枚。

< 鸻形目 CHARADRIIFORMES < 鹬科 Scolopacidae　　无危（LC）

红脚鹬
yù

学　名：*Tringa totanus*
英文名：Common Redshank
俗　名：赤足鹬

【识别特征】中型鹬，体长26～29厘米。雌雄同色，上体褐灰色，下体白色。胸部具褐色纵纹，尾上具黑白色细斑。喙基部红色，喙端黑色，跗跖橙红色。幼鸟喙基色浅，看不到红色，跗跖橙黄色，翼羽羽缘色浅。繁殖羽全身布满密集的斑纹，喙较短，基部为红色，跗跖为红色。非繁殖羽体侧斑纹较少。飞行时，腰至背白色，次级飞羽具大块白色。飞行时发出降调悦耳哨音"teu hu-hu"，在地面时作单音"teyuu"声。

【生态习性】繁殖于非洲和古北界。在中国繁殖于东北地区，为夏候鸟和冬候鸟。春季于3～4月迁到东北繁殖地，秋季于9～10月迁离繁殖地。迁徙时集大群途经华南、华东，越冬于长江流域、南方各省份，包括海南和台湾。在华北地区为不常见的旅鸟。单独活动或集小群，喜与其他鹬类混群活动。喜泥滩、海滩、盐田、干涸沼泽、鱼塘、近海稻田。窝卵数3～5枚。

< 鸻形目 CHARADRIIFORMES < 鹬科 Scolopacidae　　无危（LC）

白腰草鹬
^{yù}

学　名：*Tringa ochropus*
英文名：Green Sandpiper
俗　名：草鹬、白尾梢

【识别特征】中型、敦实的深绿褐色鹬，体长21～24厘米。雌雄同色。头至胸的斑点不明显，双翼和背部为纯黑褐色，腰、腹、臀部纯白色，羽翼白点圆斑点变浅。飞行时跗跖伸至尾后。与林鹬的区别在于近绿色的跗跖较短、外形较敦实、下体点斑少、翼下色深。鸣声为响亮如流水般的"tlooet-ooeet-ooeet"声，第二音拖长。

【生态习性】繁殖于欧亚大陆北部，越冬于非洲、南亚次大陆、东南亚、加里曼丹岛北部。在中国，仅于新疆西部喀什和天山地区有繁殖记录，迁徙时常见于中国大部分地区，越冬于塔里木盆地、西藏南部的雅鲁藏布江流域、东部多数省份、长江流域及北纬30度以南的整个地区，但极少至沿海。在华北地区为常见的旅鸟和冬候鸟。喜单独活动，受惊时起飞，作沙锥般的锯齿状飞行。栖息于山地或平原森林中的湖泊、河流、沼泽和水塘附近。以蠕虫、虾、蜘蛛、小蚌、田螺、昆虫等小型无脊椎动物为食，偶尔也吃小鱼和稻谷。窝卵数3～4枚。

< 鸻形目 CHARADRIIFORMES < 鹬科 Scolopacidae　　无危（LC）

jī　　yù
矶　鹬

学　名：*Actitis hypoleucos*
英文名：Common Sandpiper
俗　名：普通鹬

【识别特征】身形较小的鹬，体长16～22厘米。雌雄同色。上体褐色，下体白色，飞羽偏黑色，胸侧具褐灰色斑。喙短为暗褐色，眉纹白色或皮黄色，跗跖淡黄褐色，翼尖不及尾端，肩部具白色"月牙"。飞行时双翼下压，白色翼斑可见，腰无白色，尾羽外侧无白斑。鸣声为细而高的笛音"twee-wee-wee-wee"。

【生态习性】繁殖于古北界和喜马拉雅山脉，越冬于非洲、南亚次大陆、东南亚至澳大利亚部分地区。在中国常见，繁殖于西北、华北和东北，越冬于长江流域以南各地。在华北地区为常见的旅鸟。喜单独活动，迁徙时偶集小群。栖息于低山丘陵和山脚平原一带的江河沿岸、湖泊、水库、水塘岸边，也出现于海岸、河口和附近沼泽湿地。行走时不停点头，并能两翼保持不动进行滑翔。主要以鞘翅目、直翅目、夜蛾、蝼蛄等昆虫为食，也吃螺、蠕虫等无脊椎动物和小鱼。

< 鸻形目 CHARADRIIFORMES < 三趾鹑科 Turnicidae　　　无危（LC）

黄脚三趾鹑
chún

学　名：*Turnix tanki*
英文名：Yellow-legged Buttonquail
俗　名：水鹌鹑、黄地闷子、三爪爬

【识别特征】身形较小的棕褐色三趾鹑，体长15～18厘米。雌鸟枕部和背部比雄鸟更偏栗色。雄性体形较小，体色较淡，颈背栗色不明显，上喙有黑。雌性虹膜米白色，喉、胸部棕黄色，后颈部至上背为红褐色，喙、跗跖为黄色，胸侧和飞羽上密布长圆形黑色斑点，腹至尾下覆羽浅棕黄色。飞行时浅皮黄色覆羽与深褐色飞羽对比明显。鸣声为较高的嗡嗡声。

【生态习性】分布于亚洲东部、印度、中国大部分地区和东南亚。在中国分布广泛。在华北地区为不常见的旅鸟和夏候鸟。集小群活动于灌丛、草地、沼泽和稻田。不善鸣叫，善奔走，在地面奔跑迅速，通常通过奔跑和藏匿来逃避敌害。主要以植物嫩芽、浆果、草籽、谷粒、昆虫和其他小型无脊椎动物为食。窝卵数3～4枚。

< 鹳形目 CIDONIIFORMES < 鹳科 Ciconiidae　　　　　无危（LC）

黑　鹳
guàn

学　名：*Ciconia nigra*
英文名：Black Stork
俗　名：老鹳、锅鹳

国家一级

【识别特征】不易被误认的大型黑色鹳，体长100～120厘米。下胸、腹部和尾下覆羽白色，喙和跗跖红色。黑色区域的体羽具绿紫色光泽。飞行时翼下黑色，仅三级飞羽和次级飞羽内侧为白色。眼周裸露皮肤红色。幼鸟上体褐色，下体白色。繁殖期发出悦耳喉音。

【生态习性】分布于欧洲至中国北方，越冬至南亚次大陆和非洲。在中国罕见且数量持续下降，繁殖于北方，越冬至长江以南地区包括台湾。在华北地区有少量留鸟。常单独或集小群活动，以鱼、虾、蛙、蜥蜴、啮齿类、昆虫等动物为食。营巢于山谷峭壁之上，窝卵数4～5枚。

成鸟 Adult

亚成鸟 Immature

88

< 鹳形目 CIDONIIFORMES < 鹳科 Ciconiidae

颍危（EN）

国家一级

东方白鹳 ^{guàn}

学　名：*Ciconia boyciana*
英文名：Oriental Stock
俗　名：老鹳

【识别特征】大型的纯白色鹳，体长110～128厘米。雌雄相似。两翼和厚直的喙部为黑色。跗跖红色。眼周裸露皮肤粉红色。飞行时黑色的初级飞羽和次级飞羽与纯白色的体羽对比明显。未成年鸟为污黄白色。上下喙叩击发出"啪嗒"声。

【生态习性】分布于东北亚和日本。在中国，繁殖于东北地区的开阔原野和森林，越冬于长江下游的湖泊，偶有冬候鸟至陕西南部、西南地区和香港，夏候鸟偶见于内蒙古西部鄂尔多斯高原。在部分地区会利用人工招引巢和输电塔，巢体甚大，窝卵数3～5枚，繁殖地正在向南方扩张。

< 鸨形目 OTIDIFORMES < 鸨科 Otididae	易危（VU）
	国家一级

大 鸨 bǎo

学　名：*Otis tarda*
英文名：Great Bustard
俗　名：地鵏、羊鵏（雄）、鸡鵏（雌）、青鵏（幼）

【识别特征】巨大的鸨，体长75～105厘米。头灰色，颈棕色，上体具宽大的棕色和黑色横斑，下体和尾下覆羽白色。雄鸟繁殖羽颈前具白色丝状羽，颈侧具棕色丝状羽。飞行时两翼偏白，次级飞羽黑色，初级飞羽羽端深色。通常安静，雄鸟求偶时发出深吟。

【生态习性】分布于欧洲、西北非、中东、中亚和中国北方，迷鸟见于巴基斯坦。在中国，指名亚种为新疆天山、喀什和吐鲁番草原和半荒漠生境中的留鸟，*O. t. dybowskii* 亚种繁殖于内蒙古东部和黑龙江，越冬于甘肃至山东，迷鸟南至福建。越冬时多见于农耕地。集5～30只的群。步态审慎，飞行有力。雄鸟求偶时鼓起胸部羽毛。营巢于草地浅坑中，窝卵数2～4枚。

雄鸟 Male

雄鸟 Male

< 鹈形目 PELECANIFORMES < 鹮科 Threskiornithidae　　无危（LC）

国家二级

pí lù
白琵鹭
学　名：*Platalea leucorodia*
英文名：Eurasian Spoonbill
俗　名：琵琶嘴鹭、琵琶鹭

【识别特征】大型白色琵鹭，体长80～95厘米。雌雄相似。灰色的喙长而平扁，似琵琶。喙尖黄色，跗跖黑色。繁殖羽头具饰羽，头部裸露黄色皮肤，眼先和喙基之间仅有一条黑色线，喉部裸露具橘黄色皮肤，颈下部具浅黄色环带。非繁殖羽不具冠羽和环带。除繁殖期外，通常安静。

【生态习性】分布于欧亚大陆及非洲。在中国不甚常见，夏季或繁殖于新疆西北部天山至东北各省，冬季途经中国中部迁徙至云南、东南沿海各省、台湾和澎湖列岛。冬季在鄱阳湖有上千只的越冬记录。多聚集，喜泥泞水塘、湖泊或泥滩，在水中缓慢前进，觅食时喙两侧甩动搜寻食物。在华北地区为常见的旅鸟。主要以鱼、虾、蛙、昆虫等小动物为食。营巢于树上或地面，窝卵数3～4枚。

| ＜鹳形目 PELECANIFORMES ＜鹭科 Ardeidae | 无危（LC） |

大麻鳽

学　名：*Botaurus stellaris*
英文名：Eurasian Bittern
俗　名：大水骆驼、蒲鸡

【识别特征】大型的金褐色鳽，体长65～80厘米。雌雄相似。颈粗而长，全身金褐色，棕褐色体羽遍布黑色较粗纵纹，头顶黑色，眼先黄绿色，眉纹淡黄色，跗跖黄绿色。繁殖期发出鼓声，冬季较为安静。

【生态习性】繁殖于非洲和欧亚大陆。在中国，繁殖于天山、呼伦湖和东北各省。冬季南迁至长江流域、东南沿海各省、台湾和云南南部。多单独活动，性隐蔽，喜高芦苇丛。被发现时，就地静止不动，喙垂直上指。受惊时在芦苇上低飞而过。以鱼、虾、蛙和昆虫等动物为食。单独营巢在苇丛、草丛中，窝卵数4～6枚，卵橄榄褐色。

＜鹈形目 PELECANIFORMES ＜鹭科 Ardeidae　　　　无危（LC）

黄斑苇鳽 ^{yán}

学　名：*Ixobrychus sinensis*
英文名：Yellow Bittern
俗　名：小水骆驼

【识别特征】小型的皮黄色和黑色鳽，体长30～40厘米。雌雄相似。喙黄绿色，嘴峰暗褐色，眼橙黄色。头顶和枕头侧、颈侧微粉色。雌鸟上体栗红色，背具暗色斑块，头顶颜色较浅。雄鸟头顶近黑色，瞳孔为圆形。通常安静，飞行时发出略微刺耳的断续"kakak kakak"轻声。

【生态习性】繁殖于印度、东亚、菲律宾以及密克罗尼西亚和苏门答腊岛，越冬于印度尼西亚和新几内亚。在中国，除西藏、青海、新疆外，见于各省。在华北地区见于平原和低山丘陵地带的湿地苇丛、菖蒲中，为常见的夏候鸟和旅鸟。常单独活动，性安静，以取食鱼类为主。窝卵数5～7枚，卵白色。

＜鹳形目 PELECANIFORMES ＜鹭科 Ardeidae　　　无危（LC）

夜 鹭
lù

学　名：*Nycticorax nycticorax*
英文名：Black-crowned Night Heron
俗　名：灰洼子、夜洼子

成鸟 Adult

亚成鸟 Immature

【识别特征】中型的黑白色鹭，体长45～65厘米。雌雄相似。整体为蓝黑、白色，头大而粗壮，成鸟顶冠黑色，颈部和胸部白色，枕部有两条白色丝状羽，背黑色，两翼和尾部灰色，跗跖红色。亚成鸟具褐色纵纹，密布斑点，虹膜红色，跗跖黄绿色。飞行时发出深沉喉音如"wok"或"kowak-kowak"声，受惊时发出粗哑的呱呱声。

【生态习性】分布于美洲、非洲、欧亚大陆、东南亚和大巽他群岛。在中国，地区性常见于华东、华中和华南的低海拔地区，冬季迁徙至南方沿海地区和海南岛。在华北地区为夏候鸟和旅鸟。常集小群，白天群栖于树上，傍晚活跃。筑巢于高大乔木，窝卵数3～5枚，卵蓝绿色。

< 鹈形目 PELECANIFORMES < 鹭科 Ardeidae　　　无危（LC）

池鹭

lù

学　名：*Ardeola bacchus*
英文名：Chinese Pond Heron
俗　名：红毛鹭、花洼子

【识别特征】较小、两翼白色、体具褐色纵纹的鹭，体长40～54厘米。雌雄相似。繁殖羽胸部羽色较深，头顶棕红色。飞行时，体白而背部深褐色。通常安静，争斗时发出低沉呱呱声。

【生态习性】繁殖于孟加拉国至中国大部分地区及东南亚。常见于中国华南、华中和华北地区的水稻田，偶见于西藏南部和东北地区低海拔处，迷鸟至台湾。栖于稻田和其他涨水地区，单独或集分散小群觅食。晚间三两成群飞回夜栖地，飞行时振翅缓慢，翼显短。喜以鱼、蛙、小型爬行动物、昆虫等为食。多在高大乔木之上与其他水鸟混群营巢，窝卵数2～5枚，卵蓝绿色。

< 鹈形目 PELECANIFORMES < 鹭科 Ardeidae　　　无危（LC）

牛背鹭 lù
学　名：*Bubulcus ibis*
英文名：Cattle Egret
俗　名：黄头鹭、畜鹭、放牛郎

【识别特征】较小的白色鹭，体长45～55厘米。雌雄相似。繁殖羽体白，头顶具橙色饰羽，虹膜、喙、跗跖和眼先短期内呈亮红色，随后变为黄色。非繁殖羽体白色，喙黄色，跗跖黑色。与其他鹭的区别在于体形较粗壮、颈较短而头圆、喙较短厚。通常安静，但在巢区发出呱呱声。

【生态习性】分布于南亚次大陆至日本、菲律宾群岛及东南亚，以及澳大利亚和新西兰。在中国，甚常见于包括海南和台湾的南方低海拔地区。在华北地区为旅鸟和少量夏候鸟。喜集小群，与家畜关系密切，集群营巢于树上，以昆虫等小型无脊椎动物为食。窝卵数5～7枚。

＜ 鹈形目 PELECANIFORMES ＜ 鹭科 Ardeidae　　　无危（LC）

苍　鹭 lù

学　名：*Ardea cinerea*
英文名：Grey Heron
俗　名：老等、灰鹭、青庄

繁殖羽 Breeding

【识别特征】大型的白、灰、黑色鹭，体长80～110厘米。雌雄相似。成鸟头顶具黑色辫状冠羽，喙橘黄色，颈部中央具黑色纵纹。幼鸟的头、颈灰色较重，头部无黑色。鸣声深沉"kroak"声。

【生态习性】分布于非洲、欧亚大陆，日本、菲律宾群岛和马来群岛。在中国为地区性常见留鸟，全境分布于适宜生境。冬季北方鸟迁徙至华南和华中。性孤僻，在浅水中觅食。冬季有时集大群。在华北地区为夏候鸟、旅鸟和冬候鸟。夜栖于树上。以鱼、虾、蛙等动物为食，也食小型哺乳动物。筑巢于岸边的悬崖峭壁或者高大乔木上。窝卵数3～6枚。

< 鹈形目 PELECANIFORMES < 鹭科 Ardeidae　　　　无危（LC）

草鹭 lù

学　名：*Ardea purpurea*
英文名：Purple Heron
俗　名：紫鹭、花洼子

【识别特征】大型的灰、栗、黑色鹭，体长80～97厘米。雌雄相似。头顶蓝黑色，颈部细长为棕栗色，颈侧具黑色长纵纹。背部和翼覆羽灰色，飞羽黑色，其余体羽红褐色。飞行时，比苍鹭显得体小而色深。鸣声为粗哑的呱呱声。

【生态习性】分布于非洲、欧亚大陆、菲律宾群岛、苏拉威西岛、马来群岛。在中国，除西北地区外均有分布，但不如苍鹭常见。在华北地区为夏候鸟和旅鸟。喜稻田、苇丛、湖泊和溪流。常集大群，营巢于有芦苇等挺水植物的水域岸边。窝卵数4～5枚，卵蓝灰色或灰绿色。

< 鹈形目 PELECANIFORMES < 鹭科 Ardeidae　　无危（LC）

大白鹭（lù）

学　名：*Ardea alba*
英文名：Great Egret
俗　名：白庄、白洼子

【识别特征】大型白色鹭，体长82～100厘米。雌雄相似。比其他白色鹭类的体形大得多，喙较厚重，颈部具特别的扭结。繁殖羽眼先裸露皮肤蓝绿色，后背部具丝状饰羽延过尾，颈部下方和胸部也有较短的丝状饰羽，喙黑色，腿部裸露皮肤红色，跗跖黑色。非繁殖羽眼先裸露皮肤黄色，喙黄色而尖端通常色深，跗跖和腿部黑色。飞行优雅，振翅缓慢有力。告警时发出低声的“kraa”声。

【生态习性】分布于除两极以外的世界各地。在中国，除青藏高原外几乎均有分布。在华北地区为夏候鸟、旅鸟及不常见越冬鸟。栖息于开阔的平原和山地丘陵地区的河、湖、沼泽，常单独或集小群活动，与其他鹭类混群营巢。以昆虫、小鱼、蛙、蜥蜴等小动物为食。窝卵数3～6枚，卵蓝色。

非繁殖羽 Non-breeding

繁殖羽 Breeding

＜鹈形目 PELECANIFORMES ＜鹭科 Ardeidae　　　无危（LC）

中白鹭
lù

学　名：*Ardea intermedia*
英文名：Intermediate Egret
俗　名：春耕

【识别特征】大型白色鹭，体长62～70厘米。雌雄相似。全身白色，喙相对较短，颈部呈"S"形，无扭结。眼先黄色，喙尖黑色，嘴裂不延伸至眼后。甚安静，受惊起飞时发出"kroa-kr"的粗喘声。

【生态习性】分布于非洲、印度、东亚至大洋洲。常见于中国南方的低海拔湿地，见于长江流域、东南部至台湾和海南等地。在华北地区为旅鸟和夏候鸟。常单独或成对活动，有时亦混群于其他鹭。喜稻田、湖畔、沼泽、红树林和泥滩。以鱼、蛙、昆虫等小动物为食。营巢于树上，窝卵数3～5枚，卵蓝绿色。

繁殖羽 Breeding

繁殖羽 Breeding

< 鹈形目 PELECANIFORMES < 鹭科 Ardeidae　　　　　无危（LC）

白 鹭
l ù

学　名：*Egretta garzetta*
英文名：Little Egret
俗　名：小白鹭

繁殖羽 Breeding

非繁殖羽 Non-breeding

【识别特征】中型白色鹭，体长52～68厘米。雌雄相似。体形大且纤瘦，喙和跗跖黑色，趾黄色。繁殖羽纯白，枕部具细长饰羽，背、胸部具蓑状羽。虹膜黄色，眼先裸露皮肤黄绿色，繁殖季节为淡粉色。集群繁殖时在巢区发出呱呱声，其他时间甚安静。

【生态习性】分布于非洲、欧洲、亚洲和大洋洲。在中国，分布于包括台湾和海南在内的南方地区。部分个体在冬季迁至热带地区。在华北地区为旅鸟和夏候鸟及不常见的冬候鸟。喜稻田、河岸、沙滩、泥滩和沿海小溪。集散群觅食，常与其他鸟类混群。在浅水地区追逐猎物。晚间飞回夜栖地时呈"V"字形编队。与其他水鸟混群营巢。窝卵数3～6枚，卵灰蓝色或蓝绿色。

< 鹤形目 GRUIFORMES < 秧鸡科 Rallidae　　　　无危（LC）

普通秧鸡
yāng

学　名：*Rallus indicus*
英文名：Brown-cheeked Rail
俗　名：紫面秧鸡

【识别特征】小型褐色秧鸡，体长25～30厘米。雌雄同色，体形敦实。喙粗壮，嘴峰和喙端黑色，余部红色。下颈部至胸部为棕黑色，下胸至上腹部浅棕灰色。眼先褐色较浓，具渲染状的褐色贯眼纹，尾下覆羽黑褐色，具白色横斑。鸣声为"krek krek"声和更长的"kereeeeek"哀号。

【生态习性】繁殖于中国东北地区，越冬于东南地区包括台湾和海南。在华北地区为不常见的旅鸟、夏候鸟及冬候鸟。性羞怯，喜栖于水边植被茂密处、沼泽、苇丛中。窝卵数6～9枚。

＜ 鹤形目 GRUIFORMES ＜ 秧鸡科 Rallidae　　　　　无危（LC）

白胸苦恶鸟

学　名：*Amaurornis phoenicurus*
英文名：White-breasted Waterhen
俗　名：白面鸡、白胸秧鸡

【识别特征】较大、不易被误认的深青灰色和白色秧鸡，体长25～35厘米。雌雄同色，头顶、颈后、背、两翼至尾黑色，上腹部白色，前额、脸、颈至下腹白色，下腹至尾下覆羽棕黄色。虹膜红色，喙黄绿色，上喙基部额甲带红色，跗跖黄色。鸣声为单调的"uwok-uwok"声。

【生态习性】分布于南亚次大陆至东南亚。在中国分布于华北及南方地区。在华北地区为常见的夏候鸟和旅鸟。常单独活动，偶三五成群，在潮湿的灌丛、湖边、河滩、红树林和旷野中走动觅食，以小型无脊椎动物为食。窝卵数4～8枚。

< 鹤形目 GRUIFORMES < 秧鸡科 Rallidae　　　　无危（LC）

黑水鸡

学　名：*Gallinula chloropus*
英文名：Common Moorhen
俗　名：红骨顶

【识别特征】不易被误认的中型黑白色秧鸡，体长25～35厘米。雌雄同色。幼鸟头、后颈、背部浅褐色，脸、喉、前颈、前胸至下体白色至污白色，翼羽褐色至深褐色，尾羽黑褐色。成鸟额甲红色，两翼深棕色，余部为带蓝色的黑色，尾下覆羽白色，体侧带白斑，虹膜暗红色，喙暗绿色而喙基红色，喙尖淡黄色，跗跖黄绿色。鸣声为响亮而粗哑的嘎嘎叫"pruruk-pruruk-pruruk"声，夜间发出轻微吱吱叫。

成鸟 Adult

【生态习性】广布于除南极洲和大洋洲外的地区。在中国广泛分布于西北、东部及南部地区。在华北地区为甚常见的夏候鸟。喜集小群或家族群活动，多见于湖泊、池塘、运河、水库等地。不善飞，起飞前先在水面助跑很长一段距离。营巢于苇丛中，窝卵数6～10枚。

＜ 鹤形目 GRUIFORMES ＜ 秧鸡科 Rallidae　　　　　　无危（LC）

白骨顶

学　　名：*Fulica atra*
英文名：Common Coot
俗　　名：骨顶鸡、水姑丁

【识别特征】不易被误认的大型黑色秧鸡，体长35～42厘米。雌雄同色。全身黑色或暗灰黑色，虹膜红色，喙和额甲白色，跗跖灰绿色，趾间具瓣状蹼。多种响亮叫声及尖厉的"krek krek"声。

【生态习性】繁殖于古北界、中东、南亚次大陆。越冬于非洲和东南亚。在中国分布于各省。在华北地区为常见的旅鸟和夏候鸟。喜活动于湖泊、溪流，栖息于开阔水域。高度水栖性和群栖性，常潜入水中在湖床觅食水草。起飞前在水面上长距离助跑。营巢于浓密的苇丛中，窝卵数8～10枚。

＜鹤形目 GRUIFORMES ＜鹤科 Gruidae	国家一级	濒危（EN）

丹顶鹤

学　名：*Grus japonensis*
英文名：Red-crowned Crane
俗　名：仙鹤

【识别特征】高大而优雅的白色鹤，体长120～160厘米。雌雄同色。裸露的头顶皮肤红色，眼先、脸颊、喉部和颈侧黑色。自耳羽有一条白色宽带延至颈部后方，体羽余部白色，仅次级飞羽和长而下垂的三级飞羽为黑色。在繁殖地发出如响亮号角般的叫声。

【生态习性】繁殖于日本、中国东北和西伯利亚东南部，越冬于朝鲜半岛、日本和中国华东各省份及长江两岸湖泊，偶见于中国台湾。这种曾常见的鸟类现已稀少，且仅限于宽阔河谷、林区和沼泽。在繁殖地的求偶舞蹈被当地文化所崇敬。飞行时颈部伸直，组成"V"字形编队。营巢于苇丛或水草丛中，窝卵数2枚。

| < 鹤形目 GRUIFORMES < 鹤科 Gruidae | 国家二级 | 无危（LC） |

灰 鹤

学　名：*Grus grus*
英文名：Common Crane
俗　名：呼呤子

【识别特征】高中型灰色鹤，体长100～125厘米。雌雄同色。顶冠前端黑色、中心红色，头、颈深青灰色。自眼后有一道白色宽纹延至颈部后方。体羽余部灰色，背部和长而密的三级飞羽略沾褐色。配偶间的二重唱为清亮持久的"kr-re-raw，kraw-ah"号角声。

【生态习性】分布于古北界。在中国，繁殖于东北和西北，越冬于南方和中南半岛。喜湿地、沼泽和浅湖。种群数量减少中。迁徙时，停歇和觅食于农耕地。作高跳式求偶舞。飞行时，颈部伸直，组成"V"字形编队。非繁殖期集大群活动，繁殖期营巢于草原、沼泽中的干燥地面上，窝卵数2枚。

IV 攀禽

＜夜鹰目 CAPRIMULGIFORMES ＜夜鹰科 Caprimulgidae 无危（LC）

普通夜鹰

学　名：*Caprimulgus indicus*
英文名：Grey Nightjar
俗　名：蚊母鸟、贴树皮

【识别特征】中型偏灰色夜鹰，体长25～30厘米。通体灰褐色且密布杂乱斑点，头顶具细纵纹，喉部密布横纹，两侧各有一块醒目白斑，两翼具褐色斑块，尾羽有横纹。飞行时，初级飞羽具白斑，雌鸟具黄斑，尾羽末端具白色。鸣声为生硬、尖厉而高速重复的"chuck"声。

【生态习性】分布于南亚次大陆、中国、东南亚，越冬于印度尼西亚和新几内亚岛。在中国，除西北地区外，均有分布。在华北地区为常见的旅鸟和夏候鸟，常见于中低山阔叶林中，喜活动于较开阔灌丛、针阔叶混交林、竹林和农田。夜行性，以鳞翅目、半翅目等各种昆虫为食。

＜ 夜鹰目 CAPRIMULGIFORMES ＜ 雨燕科 Apodidae | 无危（LC）

普通雨燕

学　　名：*Apus apus*
英文名：Common Swift
俗　　名：楼燕、北京雨燕、麻燕

【识别特征】大型雨燕，体长16～19厘米。雌雄相似。通体暗色，尾部中等分叉，喉部色浅，额部比顶冠色浅，两翼外侧较内侧色浅。鸣声为尖厉的"srrreeee"高叫。

【生态习性】繁殖于古北界，越冬于非洲南部。在中国大部分地区分布，北方比南方更常见。在华北地区为常见的夏候鸟和旅鸟。喜集群，营巢于屋檐下或石崖上。窝卵数2～4枚。

＜鹃形目 CUCULIFORMES ＜杜鹃科 Cuculidae 　　　无危（LC）

红翅凤头鹃

学　名：*Clamator coromandus*
英文名：Chestnut-winged Cuckoo
俗　名：—

【识别特征】大型黑、白、栗色鹃，体长35～46厘米。雌雄相似。头黑色具明显冠羽，喉红褐色，颈环白色，腹部偏白色，翼羽栗色十分显眼，尾羽黑色具辉光。未成年鸟上体具棕色鳞状纹，喉、胸部偏白色。虹膜红褐色。鸣声为响亮而粗哑的"chee-kek-kek-kek"声和呼啸哨声。

【生态习性】繁殖于印度、中国南部和东南亚，越冬于菲律宾和印度尼西亚。常在中国南方分布。在华北地区于夏季不常见于山区。善攀行于低矮植被中捕食昆虫。扇翅和飞行时，凤头收起。

111

＜鹃形目 CUCULIFORMES ＜杜鹃科 Cuculidae　　无危（LC）

噪鹃

学　名：*Eudynamys scolopaceus*
英文名：Asicm Koel
俗　名：—

【识别特征】大型鹃，体长37～46厘米。雄性通体黑色，雌性通体灰褐色杂白色。喙浅绿色，虹膜红色。昼夜发出嘹亮"kow-wow"声，重音在第二音，重复多达12次，渐提速并升调，亦发出更尖声刺耳且速度更快的"kuil，kuil，kuil，kuil"声。

【生态习性】分布于南亚次大陆、中国和东南亚。在中国，除西北部以外，均有分布。在华北地区，为不常见的夏候鸟。昼夜不停发出响亮叫声。栖息于山地、丘陵、山脚平原地带林木茂盛之处。多单独活动，隐藏于茂密的树冠处。巢寄生于鸦类、卷尾和黄鹂。

雄鸟 Male

雌鸟 Female

< 鹃形目 CUCULIFORMES ＜ 杜鹃科 Cuculidae　　　　无危（LC）

大鹰鹃
学　名：*Hierococcyx sparverioides*
英文名：Large Hawk Cuckoo
俗　名：顶水盆、叫水龙、鹰头杜鹃

【识别特征】较大的灰褐色鹃，体长38～42厘米。雌雄相似。颏部有黑斑，黑斑较小，后颈部无斑，深灰色头部与暗灰褐色背部对比明显，颈侧及胸红褐色，具黑褐色粗纵纹，下胸及腹部具横斑，尾羽末端白色。大鹰鹃似鹰，与鹰的区别在于其站姿和喙形。虹膜橙色，上喙黑色而下喙黄绿色，跗跖浅黄色。繁殖季节发出"pi-peea"或"brain-fever"声。

【生态习性】分布于喜马拉雅山脉、中国南部、菲律宾、加里曼丹岛和苏门答腊岛，为留鸟和夏候鸟。越冬于苏拉威西岛和爪哇岛。在中国，指名亚种为西藏南部、华中、华东、东南、西南和海南的不常见夏候鸟，一些个体为云南南部和海南的留鸟，并偶见于台湾和河北。在华北地区为区域性常见的夏候鸟和旅鸟。喜海拔1600米以下开阔林地。典型的鹃类习性，隐于树冠层。

幼鸟 Juvenile

< 鹃形目 CUCULIFORMES < 杜鹃科 Cuculidae | 无危（LC）

东方中杜鹃

学　名：*Cuculus optatus*
英文名：Oriental Cuckoo
俗　名：中咯咕

成鸟 Adult

幼鸟 Juvenile

【识别特征】中型灰色鹃，体长25～34厘米。下体通常具更宽的黑色横斑。幼鸟顶冠、枕部、喉部和胸部偏黑色并具白色羽缘（中杜鹃幼鸟羽色偏浅并具皮黄色羽缘）。鸣声为"cuk-cuk，cuk-cuk"声。

【生态习性】分布于俄罗斯至朝鲜半岛、日本，越冬于东南亚和澳大利亚。在中国，夏候鸟常见于海拔1300～2700米的丘陵和山区。在华北地区为不常见的旅鸟。喜单独活动，隐于树冠层。捕食鳞翅目幼虫和鞘翅目昆虫。有巢寄生行为。

< 鹃形目 CUCULIFORMES < 杜鹃科 Culidae　　　　　无危（LC）

四声杜鹃

学　名：*Cuculus micropterus*
英文名：Indian Cuckoo
俗　名：光棍好苦、快快割谷、割麦割谷

【识别特征】中型偏灰色鹃，体长30～38厘米。似大杜鹃，区别在于尾部灰色并具黑色次端条带、虹膜较暗。灰色头部与深灰色背部形成对比。雌鸟较雄鸟体羽多褐色。未成年鸟头部和背部上方具偏白的皮黄色鳞状斑。虹膜红褐色，眼圈黄色，上喙黑色而下喙偏绿色。鸣声为响亮清晰的"co-ca co-la"，不断重复，第二、四声较低。

【生态习性】分布于南亚、东南亚、加里曼丹岛、苏门答腊岛和附近岛屿以及爪哇岛西部。在中国，指名亚种为东北至西南及东南地区海拔1000米以下森林中的常见夏候鸟、在海南为留鸟；在华北地区为甚常见的夏候鸟。通常栖于原始林和次生林的树冠层。常闻其声，但不易见。

成鸟 Adult

< 鹃形目 CUCULIFORMES < 杜鹃科 Cuculidae　　　　无危（LC）

大杜鹃
学　名：*Cuculus canorus*
英文名：Common Cuckoo
俗　名：布谷鸟、郭公、咯咕

【识别特征】中型鹃，体长30～37厘米。虹膜、眼圈都为黄色，上喙深色而下喙黄色，上体灰色，腹部白色具细而密的黑色横纹，尾部偏黑色，跗跖黄色。与四声杜鹃的区别在于尾部无次端条带，与中杜鹃雌鸟的区别在于腰部无横斑。幼鸟枕部具白斑。鸣声为响亮清晰的"kuk-koo"声。

【生态习性】繁殖于欧亚大陆，越冬于非洲和东南亚。在中国广泛分布。在华北地区为常见的夏候鸟。喜开阔有林地带、农田、湿地。性大胆。有巢寄生行为。

＜ 犀鸟目 BUCEROTIFORMES ＜ 戴胜科 Upupidae　　　无危（LC）

戴　胜

学　名：*Upupa epops*
英文名：Common Hoopoe
俗　名：臭姑鸪、花蒲扇、山和尚、呼饽饽

【识别特征】极其容易辨别的中型鸟类，体长24～31厘米。雌雄相似。体色鲜明，具长而耸立的栗棕色丝状冠羽，冠羽顶端黑色，下方具白色次端斑。喙细长且下弯，喙基部淡黄色。头部、翁部、肩羽和下体粉棕色，两翼和尾部具黑白相间的条纹。胸腹部深棕色，尾羽白色。跗跖黑色。鸣声为低柔单音调"hoop-hoop hoop"声。

【生态习性】分布于非洲北部、欧亚大陆、中南半岛、东南亚至苏门答腊岛。在国内分布广泛。在华北地区为常见的留鸟、夏候鸟、旅鸟。常见于城市、开阔的短草地、农田及荒野中。常在地上行走，以地表或土层下昆虫为食。营巢于树洞，窝卵数6～8枚。

< 佛法僧目 CORACIIFORMES < 佛法僧科 Coraciidae　　无危（LC）

三宝鸟

学　名：*Eurystomus orientalis*
英文名：Dollarbird
俗　名：老鸹翠、佛法僧

【识别特征】中型深色佛法僧科鸟类，体长26～32厘米。具宽阔的红色喙（未成年鸟为黑色）。通体暗蓝灰色，但喉部为亮蓝色。飞行时可见两翼中心对称的亮蓝色圆圈状斑。喙珊瑚红色而喙端黑色，跗跖橙色或红色。飞行中或停于枝头时发出粗声"kreck-kreck"。

【生态习性】分布于东亚、东南亚、新几内亚岛和澳大利亚大部分地区。广布但不常见，多见于海拔1200米以下的林缘地区。在华北地区为不常见夏候鸟、旅鸟。从近林开阔地枯树上起飞觅食，飞行姿势怪异、笨重，盘旋并拍打双翼。繁殖期在树洞中筑巢或利用喜鹊等的旧巢，窝卵数3～4枚。

< 佛法僧目 CORACIIFORMES < 翠鸟科 Alcedinidae　　　无危（LC）

普通翠鸟

学　名：*Alcedo atthis*
英文名：Common Kingfisher
俗　名：小翠鸟、翠雀儿

雄鸟 Male

雌鸟 Female

【识别特征】小型的亮蓝色和棕色翠鸟科鸟类，体长15～17厘米。上体浅蓝绿色，有金属光泽。颈侧具白色点斑，下体橙棕色，颏部白色。幼鸟体色暗淡，具深色胸带。喙黑色（雌鸟下喙为橙色），直而尖长，跗跖朱红色。鸣声为拖长的"tea-cher"尖叫声。

【生态习性】广泛分布于欧亚大陆、东南亚、新几内亚岛。几乎遍布中国。常出没于开阔郊野的淡水湖泊、溪流、运河、鱼塘和红树林。栖于岩石或水面上方的枝头上，不断点头观察鱼类，钻入水中捕猎。在华北地区为常见夏候鸟、留鸟。营巢于岸边土洞，窝卵数6～7枚。

< 佛法僧目 CORACIIFORMES < 翠鸟科 Alcedinidae　　　无危（LC）

冠鱼狗

学　　名：*Megaceryle lugubris*
英文名：Crested Kingfisher
俗　　名：小花鱼狗

【识别特征】非常大的黑白色翠鸟科鸟类，体长37～42厘米，具蓬松的羽冠。上体青黑色并具白色横斑和点斑，羽冠亦如此。大块白斑由颊部延至颈侧，下有黑色髭纹。下体白色，胸部具黑色斑纹，两胁具皮黄色横斑。雄鸟翼下覆羽白色，雌鸟翼下覆羽黄棕色。喙、跗跖黑色。飞行时作尖厉刺耳的"aeek"叫声。

【生态习性】分布于喜马拉雅山脉和印度北部山麓地带、中南半岛北部、中国南部和东部。栖息于山地及平原的河流与小溪。尤喜流速快、多砾石的清澈河流。常站于岸边大块岩石和矮树上，快速俯冲入水中捕食。在华北地区为不常见留鸟。于岸边陡壁挖洞筑巢，窝卵数3～5枚。

< 佛法僧目 CORACIIFORMES ＜ 翠鸟科 Alcedinidae   无危（LC）

斑鱼狗

学　名：*Ceryle rudis*
英文名：Pied Kingfisher
俗　名：—

雄鸟 Male

雌鸟 Female

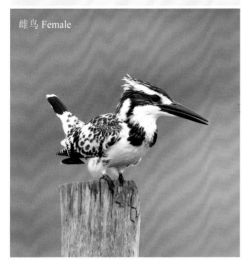

【识别特征】中型黑白色翠鸟科鸟类，体长27～30厘米。与冠鱼狗的区别在于体形较小、羽冠较小并具明显的白色眉纹。上体黑色并具白点。初级飞羽及尾羽基部白色、羽端黑色。下体白色，上胸具黑色宽阔条带，其下具狭窄黑斑。雌鸟胸带不如雄鸟宽。虹膜褐色，喙、跗跖黑色。鸣声为尖厉哨声。

【生态习性】分布于印度东北部、斯里兰卡、缅甸、中国、中南半岛和菲律宾等地区。成对或集群活动于较大水体及红树林，常悬停于水面上空觅食。在华北地区罕见，居留型尚不明确。于河流岸边砂岩上掘洞营巢，窝卵数4～5枚。

< 啄木鸟目 PICIFORMES < 啄木鸟科 Picidae　　　　无危（LC）

蚁䴕
liè

学　名：*Jynx torquilla*
英文名：Eurasian Wryneck
俗　名：蛇皮鸟、地啄木

【识别特征】小型灰褐色啄木鸟，体长16～19厘米。体羽斑驳杂乱，下体具横斑，具有清晰的褐色贯眼纹。作为啄木鸟其尾部较长，并具不明显的横斑。喙铅灰色，相对较短并呈圆锥形，跗跖铅灰色。鸣声为一连串响亮哭叫声似红隼，幼鸟乞食时发出高音的"tixixixixix……"叫声。

【生态习性】分布于非洲、欧亚大陆。栖息于低山、丘陵、平原阔叶林、混交林及灌丛。不同于其他啄木鸟，蚁䴕停歇于树枝上而不攀缘，亦不凿击树干觅食。受惊时头部往两侧扭动。通常单独活动，觅食地面蚂蚁。在华北地区为不常见旅鸟。营巢于树洞中，但不自行凿洞，窝卵数7～12枚。

< 啄木鸟目 PICIFORMES < 啄木鸟科 Picidae　　　　无危（LC）

棕腹啄木鸟

学　名：*Dendrocopos hyperythrus*
英文名：Rufous-bellied Woodpecker
俗　名：花背锛打木

【识别特征】中型、体色艳丽的啄木鸟，体长19～23厘米。背部、两翼和尾部黑色并具成排白点，头侧和下体浓赤褐色，臀部红色。雄鸟顶冠和枕部红色。雌鸟顶冠黑色并具白点。上喙为黑色，下喙黄色，跗跖黑色。鸣声为拖长而不连贯的"kii-i-i-i-i-i-i"哭叫声，逐渐减弱至结束，雄雌两性均凿木有声。

【生态习性】分布于喜马拉雅山脉、中国大部分地区及东南亚。栖息于山地针叶林或混交林。常单独活动，多在树冠层觅食，主食蚂蚁等昆虫，亦取食树汁。在华北地区为区域性常见旅鸟。营巢于腐朽或半腐朽的树干洞里，窝卵数3枚。

雄鸟 Male

< 啄木鸟目 PICIFORMES < 啄木鸟科 Picidae　　　无危（LC）

星头啄木鸟

学　名：*Dendrocopos canicapillus*
英文名：Grey-capped Woodpecker
俗　名：小锛打木

【识别特征】小型、具黑白色条纹的啄木鸟，体长14～17厘米。下体无红色，顶冠灰色。雄鸟眼后上方具红色条纹，腹部棕黄色并具偏黑色条纹。虹膜淡褐色。喙铅灰色，跗跖灰褐色。鸣声为短促而尖厉的颤音。

【生态习性】分布于巴基斯坦、中国及东南亚、加里曼丹岛和苏门答腊岛。在中国分布广泛，但并不常见，见于海拔2000米以下的各类林地，在城市、平原及山区的林中可见。主食昆虫，也食杂草种子。在华北地区为常见留鸟。营巢于心材腐朽的树干上，巢位较高，窝卵数4～5枚。

＜啄木鸟目 PICIFORMES ＜啄木鸟科 Picidae　　　　　无危（LC）

大斑啄木鸟

学　名：*Dendrocopos major*
英文名：Great Spotted Woodpecker
俗　名：花锛打木

雄鸟 Male

雌鸟 Female

【识别特征】常见的中型黑白点斑啄木鸟，体长20～25厘米。雄鸟枕部具狭窄红色带，雌鸟无。两性臀部均为红色，但具黑色纵纹的偏白色胸部无红色和橙色，而区别于相似的棕腹啄木鸟。喙铅灰色，跗跖褐色。凿木声响亮，并发出刺耳单音尖叫声，约每秒1次。

【生态习性】分布于欧亚大陆温带林区，包括印度东北部，缅甸西部、北部和东部，中南半岛北部。在中国为分布最广的啄木鸟，见于整个温带林区、农耕区和城市园林中，有8个亚种。典型的本属习性，觅食昆虫和树皮下的幼虫，也食植物种子。在华北地区为其常见留鸟。多于阔叶树干上凿筑洞巢，窝卵数4枚。

< 啄木鸟目 PICIFORMES < 啄木鸟科 Picidae 　　　　无危（LC）

灰头绿啄木鸟

学　名：*Picus canus*
英文名：Grey-headed Woodpecker
俗　名：绿锈打木、绿啄木鸟

【识别特征】中型绿色啄木鸟，体长26～31厘米。下体全灰，颊部和喉部也呈灰色。雄鸟顶冠前方深红色，眼先和狭窄颊纹为黑色，尾部黑色。雌鸟顶冠灰色而无红斑。喙相对较短而钝。喙黑灰色，跗跖灰绿色。鸣声为响亮而清脆的"chwee chwee chwee"声，尾音稍缓，告警声为焦虑不安的重复"kya"声，凿木声响亮快速，持续至少1秒。

【生态习性】分布于古北界。在中国不常见，但广布于各类林地乃至城市园林中，性羞怯而谨慎。常单独或成对活动，飞行迅速，呈波浪式前进。常下至地面觅食蚂蚁或喝水。在华北地区为常见留鸟。多选择在混交林、阔叶林树干上凿筑洞巢，窝卵数2～4枚。

雄鸟 Male

雌鸟 Female

V 猛禽

< 鹰形目 ACCIPITRIFORMES < 鹰科 Accipitridae	无危（LC）

国家二级

yuān
黑翅鸢

学　名：*Elanus caeruleus*
英文名：Black-winged Kite
俗　名：—

【识别特征】小型的白、灰、黑色鸢，体长30～37厘米。肩部斑块和形长的初级飞羽均为黑色。成鸟顶冠、背部、翼覆羽和尾基部为灰色，脸、颈和下体为白色。这是唯一的一种可振翅悬停于空中寻找猎物的白色鹰类。未成年鸟似成鸟，但体羽沾褐色。虹膜红色，喙黑色，蜡膜和跗跖均为黄色。鸣声轻柔似隼类的"shweep，shweep"哨音。

【生态习性】分布于非洲、欧亚大陆南部、南亚次大陆、中国南部、菲律宾、印度尼西亚群岛和新几内亚岛。在中国为罕见留鸟，见于南方地区的低海拔开阔地区和高至海拔2000米的山区，有北扩趋势。常单独或成对活动，喜站立在竹子、枯树或电塔上，亦似隼类悬停于空中。主要以田间鼠类、昆虫、小鸟为食。在华北地区罕见于郊区的各类开阔生境，特别是林缘开阔地及临近湿地之处，居留型尚不明确。营巢于平原或山地丘陵地区的树上或高的灌木上，窝卵数3～5枚。

雄鸟 Male

雄鸟 Male

＜鹰形目 ACCIPITRIFORMES ＜鹰科 Accipitridae　　无危（LC）

国家二级

凤头蜂鹰　　学　名：*Pernis ptilorhynchus*
　　　　　　英文名：Oriental Honey Buzzard
　　　　　　俗　名：花豹

【识别特征】较大的深色鹰，体长55～65厘米。羽冠或有或无，喙细长。分别似鹰雕和鸳的两个亚种均有浅色、深色、中间型等各个色型。上体由白色、赤褐色至深褐色，下体具点斑和横纹。雄鸟尾端和后翼缘具宽阔深色横纹，雌鸟更窄，幼鸟为数条窄纹。所有色型均具浅色喉斑，喉斑周围具浓密黑色纵纹，并常具黑色中线。飞行时特征为头小颈长，两翼和尾部均狭长，翼指6枚。近看时眼先羽毛呈鳞状。跗跖黄色。发出响亮悦耳的高音四音节"wee-wey-uho"或"weehey-weehey"叫声。

【生态习性】分布于古北界东部、南亚、东南亚至大巽他群岛。迁徙时经过中国大部分地区，在海拔1200米以下森林中并不罕见。飞行具特色，振翅数次后便作长时间的滑翔，两翼平伸，翱翔于高空。偷袭蜜蜂和胡蜂巢。在华北地区为旅鸟。营巢于树的枯枝上或其他鸟的旧巢中，窝卵数2～3枚。

< 鹰形目 ACCIPITRIFORMES < 鹰科 Accipitridae

近危（NT）

国家一级

秃鹫
jiù

学　名：*Aegypius monachus*
英文名：Cinereous Vulture
俗　名：坐山雕

【识别特征】大型深褐色鹫，体长100～120厘米。具松软翎颌，颈部灰蓝色。成鸟头部裸露皮肤为皮黄色，喉和眼下黑色，喙角质色，蜡膜蓝色，跗跖蓝灰色。幼鸟脸部近黑色，喙黑色，蜡膜粉红色，头后常具松软羽束，飞行时易与深色的雕属的雕类相混淆。两翼长而宽，具平行的翼缘，后缘明显内凹，翼指7枚。尾短而呈楔形，头和喙强劲有力。鸣声为咯咯叫。

【生态习性】繁殖于西班牙、巴尔干地区、土耳其至中亚和中国北部。偶有迷鸟游荡至繁殖区外。繁殖于北方各省份适宜的山区生境，常单只或集小群活动。视觉敏锐，食尸体但也捕捉活物，进食尸体时优先于其他鹫类。常与高山兀鹫混群。高空翱翔达数小时。在华北地区为留鸟、冬候鸟。营巢于悬崖峭壁凹陷处，窝卵数1～2枚。

＜鹰形目 ACCIPITRIFORMES ＜鹰科 Accipitridae　　　易危（VU）

乌　雕	学　名：*Clanga clanga*	国家一级
	英文名：Greater Spotted Eagle	
	俗　名：皂雕	

【识别特征】大型雕，体长61～74厘米。通体深褐色，尾短。体羽因年龄和亚种而有变化。幼鸟翼上和背部具明显的白色点斑和横纹。尾上覆羽具白色"U"字形斑，飞行时从上方可见。喙黑色，喙基部较浅淡，蜡膜和蹠趾黄色，虹膜褐色。有时发出重复"seyoo seyoo"的啼哭声。

【生态习性】繁殖于俄罗斯南部、西伯利亚南部、中亚、南亚次大陆西北部和北部、中国北方，越冬于非洲东北部、印度南部、中国南部、东南亚。在中国不常见，但规律性出现。栖于近湖泊的开阔沼泽地区，迁徙时见于开阔地区。主要觅食蛙类、蛇类、鱼类和鸟类。在华北地区为不常见旅鸟。营巢于林中高大的乔木树上，巢结构较为庞大，为平盘状，窝卵数1～3枚。

< 鹰形目 ACCIPITRIFORMES < 鹰科 Accipitridae

无危（LC）

国家二级

凤头鹰

学　名：*Accipiter trivirgatus*
英文名：Crested Goshawk
俗　名：—

【识别特征】大型而健壮的鹰，体长40～48厘米。具短羽冠。雄鸟上体灰褐色，两翼和尾部具横斑，下体棕色，胸部具白色纵纹，腹部和腿部白色并具黑色粗横斑，颈部白色，有近黑色纵纹构成喉中线，具两道黑色髭纹。未成年鸟和雌鸟似成年雄鸟，但下体纵纹和横斑均为褐色，上体褐色较淡。飞行时，两翼比其他同属鹰类更为短圆。虹膜褐色至绿黄色（成鸟），喙灰色，蜡膜黄色，跗跖黄色。鸣声为"hee-hee-hee-hee-hee-hee"的尖厉叫声和拖长的吠声。

【生态习性】分布于南亚次大陆、中国西南部、东南亚。栖息于低海拔森林中有密林覆盖处，多单独活动，繁殖季节常在树冠上空翱翔，并发出响亮叫声，领域性强。以蛙、蜥蜴、小鸟、鼠类、昆虫等为食。在华北地区罕见，居留型尚不明确。营巢于针叶林或阔叶林中高大的树上，位置多离水域不远，窝卵数2～3枚。

＜ 鹰形目 ACCIPITRIFORMES ＜ 鹰科 Accipitridae　　　　无危（LC）

赤腹鹰　　学　名：*Accipiter soloensis*　　国家二级
英文名：Chinese Sparrowhawk
俗　名：鸽子鹰、鹞子

【识别特征】中型鹰，体长25～35厘米。下体色甚浅。成鸟上体浅蓝灰色，背部羽端略具白色，外侧尾羽具不明显黑色横斑，下体白色，胸和两胁略偏粉色，两胁具浅灰色横纹，腿部亦略具横纹。成鸟特征为除初级飞羽羽端黑色外，翼下几乎全白。未成年鸟上体褐色，尾部具深色横斑，下体白色，喉具纵纹，胸部和腿部具褐色横斑。虹膜红色或褐色，喙灰色而端黑，蜡膜和跗跖橙色。在繁殖期发出一连串快速而尖厉的带鼻音降调笛声。

【生态习性】繁殖于东北亚和中国，冬季南迁至东南亚和新几内亚岛。在整个中国南半部高至海拔900米的区域均有繁殖。喜开阔林区，捕食小鸟、蛙类。通常从停歇处捕食，动作迅速，有时在空中盘旋。在华北地区为不常见旅鸟、夏候鸟。营巢于林中的树丛上，窝卵数2～5枚。

幼鸟 Juvenile

＜ 鹰形目 ACCIPITRIFORMES ＜ 鹰科 Accipitridae

无危（LC）

国家二级

日本松雀鹰

学　名：*Accipiter gularis*
英文名：Japanese Sparrowhawk
俗　名：松子鹰、松儿

【识别特征】小型鹰，体长23～30厘米。极似赤腹鹰，但体形明显较小且更显威猛，尾上横斑较窄。雄鸟上体深灰色，尾部灰色并具数条深色带，胸腹部浅棕色，具极细喉中线，无明显的髭纹。雌鸟上体褐色，下体无棕色但具浓密的褐色横斑。未成年鸟胸部具纵纹而非横纹，体羽偏棕色。虹膜黄色（未成年鸟）至红色（成鸟），喙蓝灰色而端黑，蜡膜黄绿色，跗跖黄绿色。偶作沙哑嚎叫。

【生态习性】繁殖于古北界东部，越冬于东南亚和大巽他群岛。栖息于针叶林或针阔叶混交林带，也出现在林缘和疏林地带。典型的森林型雀鹰，多单独活动。主要以小型鸟类为食。振翅迅速，集群迁徙。在华北地区为区域性常见旅鸟及罕见夏候鸟。营巢于茂密的山地森林和林缘地带，巢小而坚实，呈圆而厚的皿状，窝卵数5～6枚。

雌鸟和幼鸟 Female and juvenile

雌鸟 Female

＜鹰形目 ACCIPITRIFORMES ＜鹰科 Accipitridae　　　无危（LC）

雀　鹰

学　名：*Accipiter nisus*
英文名：Eurasian Sparrowhawk
俗　名：细胸（雄）、鹞子（雌）

【识别特征】中型鹰，体长30～40厘米。翼短，眉纹色浅。雄鸟上体褐灰色，下体白色多具棕色横斑，尾部具横带。棕色的脸颊为其识别特征。雌鸟体形较大，上体褐色，下体白色，胸部、腹部和腿部具灰褐色横斑。无喉中线。脸颊棕色较少。未成年鸟与同属其他鹰类的未成年鸟区别在于胸部具褐色横纹而无纵纹。虹膜明黄色，喙黑色，蜡膜黄绿色，跗跖黄色。偶尔发出尖厉的哭叫或更为尖厉的"cha cha cha cha cha"声。

【生态习性】繁殖于古北界，冬季迁至非洲、南亚次大陆和东南亚。喜林缘和开阔林区，主要在混交林、阔叶林、针叶林等山地森林或林缘地带活动。有时亦到公园、农田附近。为常见森林鸟类，常单独生活。从枝上捕猎或从空中伏击。在华北地区为旅鸟、冬候鸟，夏季偶见于山区，近年来在西部高海拔山区有繁殖记录。营巢于山区松树顶端，巢呈厚的皿状，窝卵数3～4枚。

雄鸟 Male

雌鸟 Female

< 鹰形目 ACCIPITRIFORMES < 鹰科 Accipitridae	无危（LC）

国家二级

苍 鹰

学　名：*Accipiter gentilis*
英文名：Northern Goshawk
俗　名：鸡鹰（雄）、兔鹰（雌）、黄鹰（幼）

亚成鸟 Immature

【识别特征】大型而强健的鹰，体长47～59厘米。无羽冠和喉中线，具标志性的白色宽眉纹。成鸟下体白色，具粉褐色横斑，上体近灰。幼鸟上体偏褐色，羽缘色浅形成鳞状纹，下体具偏黑色粗纵纹。虹膜红色（成鸟）或黄色（幼鸟）。喙黑色，蜡膜黄绿色，跗跖黄色。幼鸟乞食时发出忧郁的"peee-leh"叫声，告警声为"kyekyekye"叫声。

【生态习性】分布于北美、欧亚大陆和北非。栖息于开阔的低山丘陵、山脚平原、淡水沼泽、江河、湖泊、草原等环境，有时亦至农田、沿海湿地活动，在温带亚高山森林甚常见。森林型鹰类，异常凶猛，常单独活动。两翼宽圆，能迅速地翻转和转身。主食鸽类，也捕食雉类和野兔等兽类。在华北地区为区域性常见旅鸟、冬候鸟，近年来西部山区有繁殖记录。营巢于高大乔木上，巢呈厚的皿状，窝卵数3～4枚。

＜鹰形目 ACCIPITRIFORMES ＜鹰科 Accipitridae　　　　**无危（LC）**

白腹鹞
yào

学　名：*Circus spilonotus*
英文名：Eastern Marsh Harrier
俗　名：—

国家二级

【识别特征】中型深色鹞，体长48～58厘米。雄鸟似鹊鹞雄鸟，但喉、胸黑色并具白色纵纹。雌鸟尾上覆羽褐色，有时为浅色，有别于除白头鹞外的所有同属雌鸟。体羽深褐色，顶冠、枕部、喉部和前翼缘皮黄色。顶冠和枕部具深褐色纵纹。尾部有横斑。从下方可见初级飞羽基部近白色斑上具深色粗斑。有时头部全为皮黄色，胸具皮黄色块斑。未成年鸟似雌鸟但体色深，仅顶冠和枕部为皮黄色。虹膜黄色（雄鸟）或浅褐色（雌鸟和幼鸟），喙灰色，跗跖淡黄色。通常安静，有时发出尖厉哭声。

【生态习性】繁殖于东亚，越冬于东南亚。低海拔地区甚常见。喜开阔地，尤其是多草沼泽地和芦苇地。常单独或成对活动。从植被上方优雅地低空滑翔掠过，有时会悬停空中。飞行时显笨重，不如草原鹞轻盈。在华北地区为区域性常见旅鸟。营巢于浓密的苇丛中，窝卵数4～5枚。

雄鸟 Male

亚成鸟 Immature

雌鸟 Female

＜鹰形目 ACCIPITRIFORMES ＜鹰科 Accipitridae | 无危（LC）

国家二级

yào
白尾鹞

学　名：*Circus cyaneus*
英文名：Hen Harrier
俗　名：白尾泽鹞

【识别特征】大型灰色或褐色鹞，体长43～54厘米。雄鸟灰色或褐色，具显眼的白色腰部和黑色翼尖。雌鸟褐色，领环色浅，头部色彩平淡。深色后翼缘延至翼尖，次级飞羽色浅，上胸具纵纹。幼鸟为两翼较短而宽、翼尖较圆钝。虹膜浅褐色，喙黑色，蜡膜和跗跖黄色。通常安静，有时发出"咯咯"颤音。

【生态习性】繁殖于全北界，越冬于北非、中国南方、东南亚和加里曼丹岛。喜开阔原野、草地和农耕地。飞行比草原鹞和乌灰鹞更显缓慢而沉重。在华北地区为区域性常见旅鸟、冬候鸟。营巢于芦苇、草丛、灌丛的地面上，窝卵数4～5枚。

雄鸟 Male

雌鸟 Female

＜鹰形目 ACCIPITRIFORMES ＜鹰科 Accipitridae	无危（LC）

鹊 鹞 yào

学　名：*Circus melanoleucos*
英文名：Pied Harrier
俗　名：喜鹊鹞、喜鹊鹰

国家二级

【识别特征】小型而两翼细长的鹞，体长42～48厘米。雄鸟体羽为引人注目的黑、白、灰色，头、喉、胸部黑色且无纵纹。雌鸟上体褐色沾灰并具纵纹，腰白色，尾具横斑，下体皮黄色并具棕色纵纹，翼下飞羽具近黑色横斑。未成年鸟上体深褐色，尾上覆羽具偏白色横带，两翼比白尾鹞雌鸟更细长，下体栗褐色并具黄褐色纵纹。虹膜黄色，喙黑色，蜡膜和跗跖黄色。通常安静，有时发出哭声，不如其他鹞类鸣声刺耳。

【生态习性】繁殖于东北亚，越冬于东南亚和加里曼丹岛北部。在中国，繁殖于东北，越冬至华南和西南。并不罕见。常单独活动，在开阔原野、沼泽、芦苇地和稻田上空低空滑翔。在华北地区为不常见旅鸟。营巢于湿地草丛或苇丛中，窝卵数3～6枚。

雄鸟 Male

雌鸟 Female

< 鹰形目 ACCIPITRIFORMES < 鹰科 Accipitridae　　无危（LC）

国家二级

黑鸢　yuān

学　名：*Milvus migrans*
英文名：Black Kite
俗　名：老鹰、黑耳鸢

【识别特征】中型深褐色猛禽，体长55～65厘米。尾略分叉。飞行时初级飞羽基部浅色斑与近黑色的翼尖对比明显。头部有时比背部色浅。*M. m. govinda* 亚种前额和脸颊棕色，蜡膜黄色，喙黑色，跗跖黄色。体形更大的 *M. m. lineatus* 亚种耳羽黑色（又名黑耳鸢），翼上斑块较白，蜡膜灰色，喙黑色，跗跖灰色。未成年鸟头部和下体具皮黄色纵纹。鸣声似鸥的尖厉嘶叫"ewe-wir-r-r-r-r"声。

【生态习性】分布于非洲、南亚至澳大利亚。喜开阔的乡村、城镇和村庄。常单独活动，优雅盘旋或缓慢振翅飞行。栖于电塔、电线、树木、建筑物或地面，在垃圾堆或水面找寻腐物。常在空中进食。在华北地区为旅鸟。营巢于高大树上，窝卵数2～3枚。

成鸟 Adult

亚成鸟 Immature

＜鹰形目 ACCIPITRIFORMES ＜鹰科 Accipitridae　　　　无危（LC）

国家二级

kuáng

大　鵟

学　名：*Buteo hemilasius*
英文名：Upland Buzzard
俗　名：花豹

【识别特征】大型棕色鵟，体长55～71厘米。具几种色型。体形较大，尾上覆羽偏白并常具横斑，腿部深色，次级飞羽具清晰的深色条带，浅色型具深棕色翼下覆羽，深色型初级飞羽下方白色斑块更小。尾部常为褐色而非棕色。存在黑化型。虹膜黄色或偏白色，喙蓝灰色，蜡膜黄绿色，跗跖覆羽棕褐色。鸣声为"咪咪"叫声，比普通鵟更拖长且带鼻音。

【生态习性】分布于青藏高原、蒙古国、中国中东部。在中国北方分布区内甚常见，南方较罕见。常见于开阔平原、低山丘陵和农田荒地。常单独活动，强健有力，能捕捉野兔和雪鸡。在华北地区为冬候鸟、旅鸟。营巢于高原山区悬崖峭壁顶上或乔木上，窝卵数2～5枚。

＜ 鹰形目 ACCIPITRIFORMES ＜ 鹰科 Accipitridae | 无危（LC）

国家二级

kuáng
普通鵟

学　名：*Buteo japonicus*
英文名：Eastern Buzzard
俗　名：土豹

【识别特征】较大的棕色鵟，体长50～60厘米。体羽棕褐色，头部色浅。下体污白色，两胁和腿部深色，颊部具深色条纹。飞行时可见翼下深色腕部块斑，初级飞羽基部偏白，羽端黑色。在高空翱翔时两翼显宽，略呈"V"字形。喙黑色，蜡膜和跗跖黄色。鸣声似"peee ooo"声，音调较高。

【生态习性】繁殖于古北界，越冬于北非和南亚次大陆。栖息于山地森林、山脚平原和草原地区，冬季常至旷野、农田、荒地、村庄等地上空。习性同欧亚鵟，也会悬停。在华北地区为旅鸟、冬候鸟。营巢于林缘附近树顶或峭壁悬崖上，窝卵数1～3枚。

< 鸮形目 STRIGIFORMES < 鸱鸮科 Strigidae　　　　无危（LC）

国家二级

红角鸮 ^{xiāo}
学　名：*Otus sunia*
英文名：Oriental Scops Owl
俗　名：东方角鸮、夜猫子

【识别特征】小型而体色斑驳褐色的角鸮，体长17～21厘米。虹膜黄色，胸部具黑色条纹。有灰色、棕色两个色型。体形小且偏灰色，虹膜色浅且无浅色颈环，胸部具黑色条纹，条纹于下体多而上体少，喙黑绿色，跗跖被羽。鸣声为粗喉音"tok tok oink"，重音在最后一音。

【生态习性】繁殖于喜马拉雅山脉、南亚次大陆、东亚、东南亚，一些个体冬季南迁。栖息于山地和平原地区的阔叶林、混交林，有时也见于林缘和居民点附近的树林内，或出现于城市公园地带。夜行性，通常单独活动，觅食于林缘、林间空地和次生林的小树上。在华北地区为夏候鸟、旅鸟。营巢于天然树洞中，窝卵数3～6枚。

< 鸮形目 STRIGIFORMES < 鸱鸮科 Strigidae

无危（LC）

国家二级

北领角鸮 ^{xiāo}

学　名：*Otus semitorques*
英文名：Japanese Scops Owl
俗　名：—

【识别特征】较大的灰褐色角鸮，体长24～26厘米。具耳羽束、较长而尖的双翼和特征性浅沙色颈环。上体偏灰色或沙褐色，并具黑色和皮黄色的杂斑，下体皮黄色并具黑色条纹。虹膜橙色或红色，喙黄色。鸣声为明显不同于其他鸮类的尖厉叫声。

【生态习性】分布于萨哈林岛、日本、乌苏里江流域、朝鲜半岛和中国。在中国，*O. s. ussuriensis*亚种见于东北至陕西南部。在华北地区见于山地阔叶林和混交林、山麓林缘附近，为不常见夏候鸟及留鸟。常单独活动，夜行性。主要以鼠类和昆虫为食。营巢于天然树洞内，或利用啄木鸟废弃的树洞，偶尔也利用喜鹊的旧巢。窝卵数2～6枚，卵白色。

＜ 鸮形目 STRIGIFORMES ＜ 鸱鸮科 Strigidae　　　　无危（LC）

国家二级

雕鸮　　xiāo

学　名：*Bubo bubo*
英文名：Eurasian Eagle-owl
俗　名：恨狐

【识别特征】巨大的鸮，体长59～73厘米。耳羽束长，虹膜橙色，双眼巨大。体羽为斑驳褐色。胸部偏黄色，具深褐色纵纹且羽上有褐色横斑。喙铅灰色，跗跖黄色并被羽，几乎延至趾部。鸣声为沉重的"hwoop"声，上下喙叩击发出嗒嗒声。

【生态习性】分布于古北界、中东、南亚次大陆，虽广布但通常罕见。栖于有林山区，营巢于岩崖，极少至地面。常单独活动，夜行性，白天常被鸦科和鸥类围攻。告警状态为两翼弯曲、头朝下低。飞行迅速，振翅幅度浅。在华北地区为不常见留鸟。营巢于树洞、悬崖峭壁下的凹处，窝卵数2～5枚。

< 鸮形目 STRIGIFORMES < 鸱鸮科 Strigidae   无危（LC）

灰林鸮
xiāo

国家二级

学　名：*Strix aluco*
英文名：Tawny Owl
俗　名：—

【识别特征】中型偏褐色鸮，体长37～40厘米。无耳羽束，通体具浓红褐色杂斑和细纹，但也存在偏灰色个体。羽上有复杂的纵纹和横斑。上体具些许白斑，面部具偏白色"V"字形斑。虹膜深褐色，喙黄色，跗跖黄褐色并被羽。鸣声为响亮浑厚的"woo-woo"声，不时重复。

【生态习性】分布于喜马拉雅山脉、马来半岛北部、中国部分地区、朝鲜半岛。常见于温带森林中。多单独活动，夜行性，白天通常在隐蔽点睡觉。有时被小型雀鸟发现和围攻。在华北地区为不常见留鸟。营巢于树洞中，有时也在岩石下面的地上营巢或利用鸦类巢，窝卵数2～4枚。

< 鸮形目 STRIGIFORMES < 鸱鸮科 Strigidae　　无危（LC）

国家二级

纵纹腹小鸮 xiāo

学　名：*Athene noctua*
英文名：Little Owl
俗　名：小鸮

【识别特征】小型而无耳羽束的鸮，体长20～26厘米。头顶平，双眼亮黄色而凝神。平而浅色的眉纹和宽阔的白色髭纹使其看似狰狞。上体褐色并具白色纵纹和点斑。下体白色并具褐色杂斑和纵纹。肩羽具两道白色或皮黄色横斑。虹膜亮黄色，喙黄绿色，跗跖白色并被羽。雄鸟鸣声为日夜发出占域叫声，为拖长的上升"kerwoo"声。雌鸟以假嗓复以同样叫声。亦发出响亮刺耳的"keeoo"或"piu"声。告警声为尖厉的"kyitt，kyitt"声。

【生态习性】分布于西古北界、中东、东北非、中亚至中国东北。栖息于农田、荒漠或村落附近，也在低山丘陵、平原森林和林缘灌丛等地带活动，部分昼行性。性好奇，常神经质地点头或转动。有时高高站立。振翅快速作波状起伏飞行。常立于篱笆和电线上。能悬停。在华北地区为区域性常见留鸟。营巢于树洞、建筑物屋檐空洞等处，有时也自掘洞穴营巢，窝卵数2～8枚。

成鸟 Adult

幼鸟 Juvenile

< 鸮形目 STRIGIFORMES < 鸱鸮科 Strigidae

无危（LC）

国家二级

日本鹰鸮
xiāo

学　名：*Ninox japonica*
英文名：Northern Boobook
俗　名：北鹰鸮

【识别特征】小型鸮，体长27～33厘米。雌雄相似。圆形头，无耳簇，身体修长似鹰。上体深褐色，下体具宽阔卵圆形褐色斑点连成的纵纹。虹膜亮黄色，喙蓝灰色，蜡膜绿色，跗跖黄色。极似鹰鸮，曾作为其一个亚种，凭肉眼难辨，仅体色略浅且偏暖色。最好通过鸣声来区分。鸣声为双音"wor wor"声，间隔约1秒，持续很长时间。

【生态习性】繁殖于西伯利亚东北部、日本、中国东北和朝鲜半岛北部，越冬于大、小巽他群岛。栖息于针阔混交林和阔叶林，尤喜在林中河谷地带活动，有时也到低山丘陵、山脚平原、果园和城市公园活动。习性同鹰鸮，多于黄昏和夜间单独活动。在华北地区为不常见夏候鸟、旅鸟。营巢于树木的天然洞穴中，也利用鸳鸯和啄木鸟的旧巢，窝卵数3枚。

< 鸮形目 STRIGIFORMES < 鸱鸮科 Strigidae　　　　**无危（LC）**

国家二级

长耳鸮
xiāo

学　名：*Asio otus*
英文名：Long-eared Owl
俗　名：长耳猫头鹰

【识别特征】中型鸮，体长33～40厘米。面部圆并为皮黄色，边缘为褐色和白色，具两只长而直立的"耳朵"。虹膜橙色并显呆滞。喙部以上的面部中央具明显的白色"X"字形纹。上体褐色并具暗色块斑及皮黄色和白色的点斑。下体皮黄色并具棕色杂纹及褐色纵纹或块斑。与短耳鸮的区别在于耳羽束较长、面部白色"X"字形纹较明显、下胸和腹部细纹较少、飞行时翼尖较细且褐色较浓、翼下白色较少。跗跖被羽。雄鸟发出含糊的"werr"叫声，约2秒一次，雌鸟复以轻快鼻音"paah"，告警声为"kwek，kwek"，雏鸟乞食时发出悠长而哀伤的"peee-e"声。

【生态习性】分布于全北界。栖息于针叶林和针阔混交林中，有时也在阔叶林、林缘疏林、城市公园、果园和村落附近活动。集小群越冬，夜行性。两翼长而窄，飞行从容，振翅如鸥。通常利用针叶林中的鸦科旧巢，有时也在树洞中营巢，窝卵数3～8枚。

< 鸮形目 STRIGIFORMES < 鸱鸮科 Strigidae

无危（LC）

国家二级

^{xiāo} 短耳鸮

学　名：*Asio flammeus*
英文名：Short-eared Owl
俗　名：短耳猫头鹰

【识别特征】中型黄褐色鸮，体长35～40厘米。翼长。面部明显并具短小的耳羽束，虹膜亮黄色，眼圈暗色。上体黄褐色并布满黑色和皮黄色纵纹，下体皮黄色并具深褐色纵纹。飞行时黑色腕部明显。喙黑色，跗跖被棕色羽。飞行时发出"kee-ak"吠声，似打喷嚏。

【生态习性】分布于全北界和南美洲。栖息于平原、草地、荒漠、沼泽和低山丘陵等各类生境中，尤喜有草的开阔地区和湖边草丛。多在黄昏和夜间活动猎食。白天多藏匿在草丛中。在华北地区为旅鸟、冬候鸟。营巢于沼泽附近地面草丛中，窝卵数3～8枚。

< 隼形目 FALCONIFORMES < 隼科 Falconidae　　　　无危（LC）

红隼 ^{sǔn}

学　名：*Falco tinnunculus*
英文名：Common Kestrel
俗　名：红鹰、红鹞子

国家二级

【识别特征】小型褐色隼，体长31～38厘米。雄鸟顶冠和枕部灰色，尾部蓝灰色且无横斑，上体赤褐色略具黑色横斑，下体皮黄色并具黑色纵纹。雌鸟体形略大，上体全褐色，比雄鸟少赤褐色而多粗横斑。未成年鸟似雌鸟，但体羽多纵纹。跗跖深黄色。鸣声为刺耳高叫声"yak yak yak yak yak"。

【生态习性】繁殖于非洲、古北界、南亚次大陆和中国，越冬于东南亚。栖息于农田、村落附近、山地森林、林缘、草原和旷野等各种生境及城市中。常单独活动，在空中十分优雅，觅食时懒散盘旋或悬停于空中。俯冲捕捉地面猎物。停歇于开阔原野中柱子、电线或枯树上。在华北地区为夏候鸟、冬候鸟和旅鸟多种居留型。营巢于悬崖上或建筑物上，也常占据喜鹊和乌鸦的巢，窝卵数4～5枚。

雄鸟 Male

雌鸟 Female

╲ 隼形目 FALCONIFORMES ╲ 隼科 Falconidae	无危（LC）

sǔn
红脚隼

学　名：*Falco amurensis*
英文名：Amur Falcon
俗　名：阿穆尔隼、青燕子、红腿鹞子

国家二级

雄鸟 Male

雌鸟 Female

【识别特征】小型灰色隼，体长25～30厘米。雄鸟全身大致为深灰色，腿部、腹部和臀部均为棕红色。飞行时可见其白色翼下覆羽。雌鸟额部白色，顶冠灰色并具黑色纵纹，背部和尾部灰色，尾部具黑色横斑，喉部白色，眼下具偏黑色髭纹，下体乳白色，胸部具醒目的黑色纵纹，腹部具黑色横斑，翼下白色并具黑色点斑和横斑。未成年鸟似雌鸟，但下体斑纹为棕褐色而非黑色。蜡膜和跗跖红色。鸣声似红隼的尖厉哭叫声。

【生态习性】繁殖于西伯利亚至朝鲜半岛北部及中国中部和东北，印度东北部有一记录，迁徙时见于南亚次大陆和缅甸，越冬于非洲。栖息于平原旷野、荒漠草原灌丛地带等开阔地。黄昏后捕捉昆虫，有时似燕鸻集群觅食。迁徙时集大群，多至数百只，常与黄爪隼混群。停歇于电线上。在华北地区为常见旅鸟、夏候鸟。营巢于疏林中高大乔木的顶枝上，也占喜鹊巢，窝卵数4～5枚。

＜ 隼形目 FALCONIFORMES ＜ 隼科 Falconidae　　　无危（LC）

国家二级

燕 隼
sǔn

学　名：*Falco subbuteo*
英文名：Eurasian Hobby
俗　名：青燕、燕虎、青条子

【识别特征】翼长的小型黑白色隼，体长29～35厘米。腿部、臀部棕色。上体深灰色，胸部乳白色并具黑色纵纹。雌鸟体形比雄鸟大且体羽偏褐色、腿部和尾下覆羽细纹较多。蜡膜和跗跖黄色。鸣声为重复尖厉的"kick kick kick"声，似红隼。

【生态习性】繁殖于古北界及非洲、喜马拉雅山脉、中国和缅甸。冬季南迁。喜海拔2000米以下的开阔地和林地。常单只或成对活动，在飞行中捕捉昆虫和鸟类，飞行迅速。在华北地区为区域性常见旅鸟、夏候鸟。营巢于疏林或林缘和田间的高大乔木上，侵占乌鸦和喜鹊的巢，窝卵数2～4枚。

成鸟 Adult

雄鸟 Male

＜隼形目 FALCONIFORMES ＜隼科 Falconidae | 无危（LC）

国家一级

猎 隼 ^{sŭn}

学 名：*Falco cherrug*
英文名：Saker Falcon
俗 名：兔虎、白鹰

【识别特征】大型、胸部厚实的浅色隼，体长42～60厘米。枕部偏白色，顶冠浅褐色。头部色彩对比不甚明显，眼下具不明显黑色髭纹，眉纹白色。尾部具狭窄白色羽端。比游隼体色浅而翼形钝。幼鸟上体深褐色，下体布满黑色纵纹。与游隼的区别在于尾下覆羽白色。*F. c. altaicus*亚种比*F. c. milvipes*亚种体色深而偏青灰色、具棕色翼斑且下体纵纹较多。蜡膜黄色，跗跖黄色（成鸟）、浅蓝灰色（未成年鸟）。鸣声似游隼，但更为沙哑。

【生态习性】分布于中欧、北非、印度北部、中亚至蒙古国和中国。栖息于山区开阔地带、水库周边荒地。典型的高山和高原生境中的大型隼。在华北地区为不常见旅鸟、冬候鸟。营巢于悬崖峭壁上的缝隙中或树上，有时也利用其他鸟类的旧巢，窝卵数3～5枚。

雄鸟 Male

雌鸟 Female

＜隼形目 FALCONIFORMES ＜隼科 Falconidae　　　　无危（LC）

sǔn	学　名：*Falco peregrinus*	国家二级
游　隼	英文名：Peregrine Falcon	
	俗　名：鸭虎、花梨鹰	

【识别特征】大型而强壮的深色隼，体长41～50厘米。成鸟顶冠和脸颊偏黑色或具黑色条纹，上体深灰色并具黑色点斑和横纹，下体白色，胸部具黑色纵纹，腹部、腿部和尾下具黑色横斑。雌鸟比雄鸟体形明显更大。未成年鸟体羽褐色浓重，腹部具纵纹。各亚种在羽色深浅上有异。*F. p. peregrinator*亚种具头罩而非髭纹，脸颊白色较少，下体横纹较细。体形较小的*F. p. babylonicus*亚种下体色较浅并具特征性棕色枕斑。喙铅灰色，跗跖黄色，爪黑色。繁殖期发出尖厉的"kek-kek-kek-kek"声。

亚成鸟 Immature

【生态习性】广布于世界各地。栖息于各种生境及城市中。常成对活动。飞行甚快，并从高空呈螺旋状俯冲而下捕捉猎物。为世界上飞行最快的鸟类之一。在华北地区为不常见旅鸟。营巢于悬崖上，窝卵数2～6枚。

成鸟 Adult

VI 鸣禽

< 雀形目 PASSERIFORMES < 山椒鸟科 Campephagidae　　无危（LC）

暗灰鹃鵙

jú
学　名：*Lalage melaschistos*
英文名：Black-winged Cuckoo-shrike
俗　名：一

【识别特征】中型灰黑色鹃鵙，体长20～24厘米。雄鸟通体青灰色，两翼亮黑色，尾下覆羽白色，尾羽黑色，三枚外侧尾羽羽端白色。雌鸟色浅，下体具白色横斑，耳羽具白色细纹，白色眼圈不完整，翼下通常具小块白斑。喙黑色，跗跖铅蓝色。鸣声为叽喳声和三四个缓慢而有节奏的降调哨音"wii jeeow jeeow"。

【生态习性】分布于喜马拉雅山脉、中国南部、东南亚。在中国为海拔2000米以下的山区和低海拔地区的罕见至地区性常见鸟，栖于开阔林地和竹林。冬季从山区森林下移。常单独活动，多在高大的树冠层活动，主要以昆虫为食。在华北地区为夏候鸟、旅鸟。营巢于高大乔木树冠层的水平枝上，巢成浅杯状，窝卵数2～4枚。

< 雀形目 PASSERIFORMES < 山椒鸟科 Campephagidae　　无危（LC）

灰山椒鸟

学　名：*Pericrocotus divaricatus*
英文名：Ashy Minivet
俗　名：—

雌鸟 Female　　雄鸟 Male

【识别特征】中型黑、灰、白色山椒鸟，体长18～21厘米。雄鸟额部白色，眼先至头后方黑色，上体和中小覆羽呈均匀的铁灰色，大覆羽和飞羽黑色，飞羽中部具白斑，中央尾羽黑色，其余尾羽末端白色，颏喉及下体白色。雌鸟头大部分为灰色，下体污白色。幼鸟羽缘白色，胸胁两侧具不明显的灰色横斑。飞行时发出金属般的"tsure-rere"颤音。

【生态习性】繁殖于东北亚和中国东部，越冬于东南亚、大巽他群岛。罕见于海拔900米以下的落叶林地及林缘。华北地区罕见于平原及低山丘陵，为不常见旅鸟。在树冠层捕食昆虫。飞行时不如其他体色艳丽的山椒鸟显眼。集多至15只鸟的小群。营巢于高大树木侧枝上，巢呈碗状，窝卵数4～5枚。

< 雀形目 PASSERIFORMES < 山椒鸟科 Campephagidae 无危（LC）

长尾山椒鸟

学　名：*Pericrocotus ethologus*
英文名：Long-tailed Minivet
俗　名：宾红燕、红十字鸟

雌鸟 Female

【识别特征】中型黑色山椒鸟，体长18～20厘米。具红色或黄色斑，尾较长。雄鸟红色，雌鸟黄色。鸣声为独特的甜润双声哨音"chwee-choo"，第二音较低。

【生态习性】分布于阿富汗至中国和东南亚。在华北地区，区域性常见于海拔1000米以上的山地森林中，为夏候鸟。集大群活动，性嘈杂，在开阔的高大树木和常绿林的树冠上空盘旋降落。营巢于林间树上，巢呈杯状，窝卵数2～4枚。

雄鸟 Male

< 雀形目 PASSERIFORMES < 燕科 Hirundinidae　　　无危（LC）

家 燕

学　名：*Hirundo rustica*
英文名：Barn Swallow
俗　名：拙燕、燕子

【识别特征】中型亮蓝色和白色的燕，体长17～20厘米。上体钢青色，胸部偏红色并具一道蓝色胸带，腹部白色，尾羽甚长，近尾端处具白色点斑。幼鸟体羽色暗，无延长尾羽。鸣声为高音"twit"和叽喳声并以嗡鸣音收尾。

【生态习性】广布于除南极洲以外的各大洲，繁殖于北半球，迁徙途经世界大部分地区至南非、新几内亚岛、澳大利亚等地。在华北地区为甚常见夏候鸟和旅鸟。在高空中滑翔和盘旋，或低飞于地面和水面捕捉小型昆虫。停歇于枯枝、柱子和电线上。常集群觅食于同一地点。有时集大型夜栖群，在城市中亦如此。营巢于屋舍内外的顶棚、墙壁上，为泥制碗状巢，窝卵数4～5枚。

＜ 雀形目 PASSERIFORMES ＜ 燕科 Hirundinidae　　　　无危（LC）

金腰燕

学　名：*Cecropis daurica*
英文名：Red-rumped Swallow
俗　名：巧燕、赤腰燕

【识别特征】大型燕，体长16～20厘米。浅栗色腰部和深钢青色上体形成对比，下体白色并具黑色细纹，尾长而分叉深。飞行时发出叽喳鸣唱声，召唤声为"djuit"，亦作粗哑的"krr"声。

【生态习性】繁殖于欧亚大陆，冬季南迁至非洲、印度和东南亚。在中国甚常见于低海拔的大部分地区。在华北地区为甚常见夏候鸟和旅鸟。习性似家燕。营巢于屋舍、桥梁等建筑物上，巢为泥制，呈瓶状，开口较小，窝卵数4～6枚。

华北常见野鸟图鉴

< 雀形目 PASSERIFORMES < 鹡鸰科 Motacillidae　　无危（LC）

ji líng
山鹡鸰
学　名：*Dendronanthus indicus*
英文名：Forest Wagtail
俗　名：树鹡鸰、刮刮油

【识别特征】中型褐、黑、白色鹡鸰，体长16～18厘米。尾部较短。上体灰褐色，眉纹白色，具明显黑白色翼斑，下体白色，胸部具两道黑色横斑，下方横斑有时不完整。虹膜灰色，喙角质褐色而下喙较浅，跗跖偏粉色。常发出响亮的"chirrup"声，飞行时作短促"tsep"声。

【生态习性】繁殖于亚洲东部，越冬于印度、中国东南部、东南亚、大巽他群岛。在中国地区性常见，繁殖于东北、华北、华中和华东，越冬于华南、东南、西南、海南和西藏东南部海拔1200米以下地区。在华北地区为不常见旅鸟和罕见夏候鸟。单独或成对漫步于开阔森林地面。尾部左右轻摆，而不如其他鹡鸰般上下摆动。性不惧人，受惊时作波状起伏低空飞行至前方数米处落下。亦停歇于树上。营巢于乔木侧枝上，窝卵数4～5枚。

162

< 雀形目 PASSERIFORMES < 鹡鸰科 Motacillidae　　　无危（LC）

黄头鹡鸰
jí líng

学　名：*Motacilla citreola*
英文名：Citrine Wagtail
俗　名：金香炉儿

【识别特征】较小的鹡鸰，体长16～20厘米。头部和下体亮黄色，具两道白色翼斑。华北地区为指名亚种，背部和两翼灰色。雌鸟顶冠和脸颊灰色，背部灰色。幼鸟以暗淡白色取代黄色。鸣声为似喘息的"tsweep"声，不如灰鹡鸰和黄鹡鸰沙哑，鸣唱声从停歇处或在飞行中发出，为重复的鸣叫声间杂啭鸣声。

【生态习性】繁殖于中东北部、俄罗斯、中亚、南亚次大陆西北部和中国北部，越冬于印度、中国南部和东南亚。在中国，繁殖于西北（*M. c. werae*亚种）、华北和东北（指名亚种）越冬于华南沿海地区，*M. c. calcarata*亚种则繁殖于中西部和青藏高原而越冬于西藏东南部和云南。在华北地区为区域性常见旅鸟。喜沼泽草甸、苔原和柳丛等环境。窝卵数4～5枚。

< 雀形目 PASSERIFORMES < 鹡鸰科 Motacillidae | 无危（LC）

灰鹡鸰 ji ling

学　名：*Motacilla cinerea*
英文名：Gray Wagtail
俗　名：马兰花儿、黄腹灰鹡鸰

【识别特征】中型偏灰色鹡鸰，体长16～20厘米。尾长，腰部黄绿色。成鸟下体黄色，幼鸟下体偏白色。鸣声为飞行时发出尖厉"tzit-zee"声或生硬的单音"tzit"声。鸣唱声为一连串哨音间杂颤音，通常于振翅飞行时发出。

【生态习性】繁殖于欧洲至西伯利亚和阿拉斯加，越冬于非洲、印度、东南亚至新几内亚岛和澳大利亚。在华北地区为常见旅鸟、夏候鸟，冬季偶有记录。常光顾多岩溪流并觅食于潮湿砾石或沙地上，也见于高山草甸。营巢于山区溪流和河流附近，窝卵数4～6枚。

< 雀形目 PASSERIFORMES < 鹡鸰科 Motacillidae　　　　　无危（LC）

ji líng
白鹡鸰

学　名：*Motacilla alba*
英文名：White Wagtail
俗　名：白马兰花、点水雀、白颤儿

【识别特征】中型黑、灰、白色鹡鸰，体长17～20厘米。亚种丰富多样。通常上体灰色，下体白色，两翼和尾部黑白相间。冬羽顶冠后方、枕部和胸部具黑斑但其面积小于繁殖羽。雌鸟似雄鸟但体色较暗。幼鸟以灰色取代黑色。冬羽背部灰色并具黑色点斑。鸣声为清晰而生硬的"chissick"声或尖厉的双音节"chunchun，chunchun"声。

【生态习性】分布于非洲、欧洲和亚洲，繁殖于东亚的个体冬季南迁至东南亚。在中国常见于海拔1500米以下地区。在华北地区为甚常见旅鸟、夏候鸟，也有零散的冬候鸟记录。栖于近水的开阔地带、稻田、溪流两侧和道路上。受惊时作低空起伏飞行并发出告警声。营巢于接近水域的各种生境，巢位甚为隐蔽，窝卵数5～6枚。

< 雀形目 PASSERIFORMES < 鹡鸰科 Motacillidae　　　无危（LC）

树 鹨 liù

学　名：*Anthus hodgsoni*
英文名：Olive-backed Pipit
俗　名：麦如蓝儿、木鹨

【识别特征】中型橄榄色鹨，体长15～17厘米。具明显的白色眉纹。与其他鹨的区别为上体纵纹较少、喉部和两胁皮黄色且胸部和两胁布满黑色纵纹。下喙偏粉色而上喙角质色，跗跖粉色。飞行时发出尖细而粗哑的"tseez"声，在地面或树上发出重复的单音"tsi…tsi…"声。

【生态习性】繁殖于喜马拉雅山脉和东亚，越冬于南亚次大陆、东南亚和加里曼丹岛。在中国常见于海拔4000米以下的开阔林地。在华北地区为常见旅鸟，冬季偶有记录。比其他鹨更喜林地生境，受惊时降落于树上。营巢于林间有草地、灌丛或岩石遮蔽的地面凹坑内，窝卵数4～6枚。

＜ 雀形目 PASSERIFORMES ＜ 鹡鸰科 Motacillidae　　　　无危（LC）

水　鹨

liù

学　　名：*Anthus spinoletta*
英文名：Water Pipit
俗　　名：冰鸡

【识别特征】中型偏灰色鹨，体长15～17厘米。体具纵纹，顶冠亦具纵纹。繁殖羽下体呈特征性橙黄色，胸部色深且仅胸侧和两胁略具模糊纵纹。冬羽上体深灰褐色，下体暗皮黄色，上下体前端均布满纵纹。喙偏黑色，冬羽下喙粉色，跗跖黑色。受惊时发出尖厉的双音节"tsu-pi"或"chu-i"声，重复数次。

【生态习性】分布于古北界、印度西北部、中国南部和中南半岛北部，冬季南迁。在华北地区为区域性常见冬候鸟、旅鸟。喜高山草场和近溪流的草地。营巢于草丛中或有植被遮挡的岩缝内，窝卵数4～6枚。

< 雀形目 PASSERIFORMES < 鹎科 Pycnonotidae

bēi
领雀嘴鹎

学　名：*Spizixos semitorques*
英文名：Collared Finchbill
俗　名：—

【识别特征】大型偏绿色鹎，体长21～23厘米。具粗厚的象牙色喙和短羽冠。喉部白色，喙基偏白色，脸颊具白色细纹，尾部绿色而尾端黑色。鸣声为悦耳笛声和急促响亮的"ji de shi shei，ji de shi shei，shi shei"哨音。

【生态习性】分布于中国南部和中南半岛北部。在中国，常见于华南海拔400～1400米的丘陵地区。通常栖于次生植被和灌丛。集小群停歇于电线或竹林。在飞行中捕捉昆虫。营巢于距地面1～3米的小树侧枝丫处或灌丛上，窝卵数3～4枚。

< 雀形目 PASSERIFORMES < 鹎科 Pycnonotidae　　　　　无危（LC）

bēi
白头鹎

学　名：*Pycnonotus sinensis*
英文名：Light-vented Bulbul
俗　名：白头翁、白头婆

【识别特征】中型橄榄色鹎，体长18～20厘米。眼后白色宽纹延至枕部，黑色头顶略具羽冠，髭纹黑色，臀部白色。幼鸟头部橄榄色，胸部具灰色横纹。鸣声为典型的"ter chir che wai"颤鸣，也作简单而无韵律的鸣叫声。

【生态习性】分布于中国南部、越南北部和琉球群岛。在中国为常见的群居性鸟，栖于海拔700米以下地区的林缘、灌丛、红树林和庭院中。在华北地区为常见留鸟。性活泼，集群于果树上活动。有时从停歇处飞出捕食昆虫。营巢于灌丛或树上，巢为杯状，由细树枝、纤维和草等编制而成，窝卵数3～5枚。

幼鸟 Juvenile

< 雀形目 PASSERIFORMES < 鹎科 Pycnonotidae　　无危（LC）

栗耳短脚鹎 bēi　学　名：*Hypsipetes amaurotis*
英文名：Brown-eared Bulbul
俗　名：—

【识别特征】大型灰色鹎，体长27～29厘米。冠羽略呈针状，耳羽和颈侧栗色。顶冠和枕部灰色，两翼和尾部褐灰色，喉、胸部灰色并具浅色纵纹。腹部偏白色，两胁具灰色点斑，臀部具黑白色横斑。鸣声为甚嘈杂的"peet，peet，pii yieyo"声、"shreep"声或"wheesp"声。

【生态习性】分布于日本群岛、中国台湾岛和菲律宾群岛。在中国，在其分布区内较常见。在华北地区为罕见冬候鸟。栖于常绿林、落叶林、农耕地和庭院中的树冠层。营巢于茂密的树上，窝卵数4～5枚。

< 雀形目 PASSERIFORMES < 太平鸟科 Bombycillidae 　　　　无危（LC）

太平鸟

学　名：*Bombycilla garrulus*
英文名：Bohemian Waxwing
俗　名：十二黄、连雀

【识别特征】较大的粉褐色太平鸟，体长18～23厘米。与小太平鸟可通过尾端为黄色而非绯红色来简单区别。尾下覆羽栗色，初级飞羽外翈端部黄色形成黄色翼斑，三级飞羽羽端和外侧覆羽羽端白色形成白色翼斑。成鸟次级飞羽羽端具红色蜡状斑。集群时发出颇具特色的一连串清亮"sirr"鸣叫声。

【生态习性】分布于欧亚大陆北部和北美西北部，冬季南迁。在华北地区为冬候鸟及旅鸟。群居，喜食蔷薇科的栒子属（*Cotoneaster*）、花楸属（*Sorbus*）等植物的各种浆果。春夏季食昆虫。营巢于近水的针叶树上，窝卵数4～7枚。

171

＜ 雀形目 PASSERIFORMES ＜ 太平鸟科 Bombycillidae ┃ 无危（LC）

小太平鸟

学　名：*Bombycilla japonica*
英文名：Japanese Waxwing
俗　名：十二红、太平红

【识别特征】较小的太平鸟，体长17～20厘米。尾端为明显的绯红色。与太平鸟的其他区别为黑色贯眼纹绕羽冠延至头后且臀部和次级飞羽羽端绯红色，但无蜡状斑、无黄色翼斑。集群时发出高音调的咬舌音。

【生态习性】繁殖于西伯利亚东部和中国东北，越冬于日本和琉球群岛。在中国为黑龙江小兴安岭地区不定期繁殖鸟，越冬鸟群记录于华北、华中，并罕至华南地区。在华北地区为冬候鸟及旅鸟。集群活动于果树和灌丛间。

＜ 雀形目 PASSERIFORMES ＜ 伯劳科 Laniidae　　　　　无危（LC）

牛头伯劳

学　名：*Lanius bucephalus*
英文名：Bull-headed Shrike
俗　名：—

【识别特征】中型褐色伯劳，体长19～20厘米。顶冠褐色、背部灰色、尾端白色为其区别于其他大部分伯劳的主要特征。飞行时初级飞羽基部白斑明显。下体偏白色并略具黑色横斑，两胁沾棕色。雌鸟体羽偏褐色。鸣声为粗哑似喘息的叫声，也发出"ju ju ju"或"gi gi gi"声，并能模仿其他鸟类叫声。

【生态习性】分布于东北亚、中国东部。在华北地区为夏候鸟及旅鸟。喜次生植被和耕地。营巢于疏林或灌丛，窝卵数4～7枚。

雌鸟 Female

< 雀形目 PASSERIFORMES < 伯劳科 Laniidae　　　　无危（LC）

红尾伯劳

学　　名：*Lanius cristatus*
英文名：Brown Shrike
俗　　名：褐伯劳、虎伯劳

【识别特征】中型纯褐色伯劳，体长17～20厘米。喉部白色。成鸟额部灰色，眉纹白色，并具宽阔的黑色眼罩，顶冠和上体褐色，下体皮黄色。幼鸟似成鸟，但背部和体侧具深褐色波浪状细纹，黑色眉纹区别于虎纹伯劳幼鸟。繁殖季节发出"cheh-cheh-cheh"叫声和鸣唱声。

【生态习性】繁殖于东亚，越冬于印度半岛、东南亚、马来群岛并远至新几内亚岛。在中国一般常见于海拔1500米以下地区。在华北地区为常见夏候鸟、旅鸟。喜开阔耕地和次生林，包括庭院和种植园。营巢于幼树和灌木上，巢呈杯状，窝卵数5～7枚。

雄鸟 Male

雌鸟 Female

< 雀形目 PASSERIFORMES < 黄鹂科 Oriolidae　　　　　无危（LC）

黑枕黄鹂

学　名：*Oriolus chinensis*
英文名：Black-naped Oriole
俗　名：黄鹂、黄莺

【识别特征】中型黄色和黑色鹂，体长22～28厘米。贯眼纹和枕部黑色，飞羽多为黑色。雄鸟体羽余部亮黄色。雌鸟体色较暗淡，背部橄榄黄色。幼鸟背部橄榄色，下体偏白色并具黑色纵纹。虹膜红色，喙粉色。鸣声为清澈如流水般的笛音"lwee，wee，wee-leeow"，有时略有变化，也作甚粗哑的似责骂声和平稳哀婉的轻哨音。

【生态习性】分布于印度、中国、东南亚、马来群岛和苏拉威西岛，北方种群冬季南迁。在华北地区为夏候鸟、旅鸟。栖于开阔林、园林、村庄和红树林中。成对或集家族群活动。栖于树上但有时下至低处捕食昆虫。飞行呈波状起伏，振翅幅度大、缓慢而有力。营巢于树上，窝卵数4枚。

< 雀形目 PASSERIFORMES < 卷尾科 Dicruridae　　无危（LC）

黑卷尾

学　名：*Dicrurus macrocercus*
英文名：Black Drongo
俗　名：黑黎鸡、篱鸡、铁燕子

【识别特征】中型蓝黑色并具金属光泽的卷尾，体长24～30厘米。喙较小，尾极长而分叉极深，在风中常以奇特角度上举。嘴裂具白点。幼鸟下体下方具偏白色横纹。发出"hee lun lun、eluu-wee-weet、hoke-chok-wak-we-wak"等多种叫声。

【生态习性】分布于伊朗至印度、中国，以及东南亚的爪哇岛和巴厘岛。在中国为常见繁殖鸟和留鸟，见于低海拔开阔原野，偶尔可上至海拔1600 米处。在华北地区为常见夏候鸟。栖于开阔地区，常立于小树或电线上。营巢于榆、柳等树上，巢呈碗状，窝卵数3～4枚。

＜ 雀形目 PASSERIFORMES ＜ 卷尾科 Dicruridae　　　　无危（LC）

灰卷尾
学　　名：*Dicrurus leucophaeus*
英文名：Ashy Drongo
俗　　名：黑黎鸡、篱鸡、铁燕子

【识别特征】中型灰色卷尾，体长26～29厘米。脸部偏白色，尾长而分叉深。鸣声为清晰响亮的"huur-uur-cheluu"或"wee-peet，wee-peet"声，也作咪咪声，并模仿其他鸟类叫声，据记载有时在夜间鸣叫。

【生态习性】分布于阿富汗至中国、东南亚、菲律宾巴拉望岛和大巽他群岛。在中国为常见留鸟和候鸟，见于海拔600～2500米的丘陵、山地开阔林和林缘，但在云南可高至海拔近4000米的地区。在华北地区的居留型尚不明确。成对活动，立于林间空地的裸露树枝或藤条上，捕食经过的昆虫，或爬升和俯冲捕捉飞蛾和其他飞行猎物。营巢于阔叶高大乔木树冠权枝间，巢呈浅杯状，窝卵数3～4枚。

< 雀形目 PASSERIFORMES < 卷尾科 Dicruridae　　　　无危（LC）

发冠卷尾

学　名：*Dicrurus hottentottus*
英文名：Hair-crested Drongo
俗　名：山黎鸡

【识别特征】大型绒黑色卷尾，体长29～34厘米。头顶具细长羽冠。体羽具闪烁点斑。尾长而分叉，外侧羽端钝而上翘，似七弦琴。指名亚种喙较厚重。鸣声为悦耳嘹亮的鸣唱声，偶伴以粗哑刺耳的叫声。

【生态习性】分布于印度、中国、东南亚和大巽他群岛。在中国常见于低海拔地区和山麓森林，尤其是较干燥的地区。在华北地区为夏候鸟。喜林中开阔地带，有时（尤其是晨昏时分）集群鸣唱并在空中捕捉昆虫，甚嘈杂。从低矮停歇处捕食昆虫，并与其他鸟类混群。营巢于较高的乔木上，窝卵数3～4枚。

| < 雀形目 PASSERIFORMES < 鹪鹩科 Troglodytidae | 无危（LC） |

jiāo liáo
鹪 鹩

学　名：*Troglodytes troglodytes*
英文名：Eurasian Wren
俗　名：巧媳妇、山蝈蝈儿

【识别特征】纤细的褐色似鹛雀鸟，体长9～11厘米。具横纹和点斑，尾部常上翘，喙细。体羽深黄褐色并具特征性狭窄黑色横斑和模糊皮黄色眉纹。诸亚种体色存在差异。鸣声为粗哑似责骂的"chur"声，生硬的"tic-tic-tic"声。鸣唱声有力而悦耳，包括清晰高音和颤音。

【生态习性】分布于全北界南部至非洲西北部、印度北部、缅甸东北部和喜马拉雅山脉。在中国，繁殖于东北、西北、华北、华中、西南、台湾岛和青藏高原东麓的针叶林和沼泽地中。在华北地区高海拔山区为区域性常见夏候鸟，在平原地区为旅鸟和冬候鸟。尾部不断上翘。在躲避处悄然移动，突然跳出，对观鸟人鸣叫后又迅速跳开。飞行低，振翅作短距离飞行。冬季集群拥挤于裂缝中。营巢于岩缝、岩洞或树洞中，窝卵数3～9枚。

< 雀形目 PASSERIFORMES < 椋鸟科 Sturnidae　　　无危（LC）

学　名：*Acridotheres cristatellus*
英文名：Crested Myna
俗　名：凤头八哥

八　哥

【识别特征】大型黑色八哥，体长23～28厘米。具明显羽冠。与林八哥的区别为羽冠较长、喙基部红色或粉色、尾端白色狭窄且尾下覆羽具黑白色横纹。虹膜橙色，跗跖暗黄色。鸣声为似家八哥。笼鸟能学人"说话"。

【生态习性】分布于中国和中南半岛，并引种至菲律宾和加里曼丹岛。在中国常见于农田和村庄。在华北地区为区域性常见留鸟。集小群生活，通常见于旷野、城镇和庭院，在地面阔步。营巢于树洞，窝卵数1～6枚。

< 雀形目 PASSERIFORMES < 椋鸟科 Sturnidae   无危（LC）

liáng
丝光椋鸟

学　名：*Spodiopsar sericeus*
英文名：Silky Starling
俗　名：丝毛椋鸟

【识别特征】较大的灰、黑、白色椋鸟，体长20～23厘米。喙红色，喙端黑色。两翼和尾部亮黑色，飞行时初级飞羽白斑明显可见，头部具偏白色丝状羽，上体余部灰色。虹膜黑色，跗跖暗橙色。鸣唱声悠扬悦耳，群鸟发出叽喳声似紫翅椋鸟。

【生态习性】繁殖于中国，越冬至东南亚。在中国为华南和东南（包括台湾和海南）大部分地区的留鸟，并有北扩趋势，冬季分散至越南北部和菲律宾。见于海拔800米以下的农田和果园中。在华北地区曾经罕见，现为城市公园常见的夏候鸟。迁徙时集大群。营巢于树洞，窝卵数最多可达7枚。

< 雀形目 PASSERIFORMES < 椋鸟科 Sturnidae	无危（LC）

灰椋鸟 liáng

学 名：*Spodiopsar cineraceus*
英文名：White-cheeked Starling
俗 名：高粱头、白头翁

【识别特征】中型灰褐色椋鸟，体长19～23厘米。头部黑色，头侧具白色纵纹。腰部、臀部、外侧尾羽羽端和次级飞羽上的狭窄横纹均为白色。雌鸟体色浅而暗。虹膜偏红色，喙黄色而喙端黑色，跗跖暗橙色。鸣声为单调的"chir-chir-chay-cheet-chee"声。

【生态习性】分布于西伯利亚、中国、日本、越南北部、缅甸北部、菲律宾。在中国，繁殖于华北和东北，迁徙途经华南地区。常见于稀树开阔原野、农田地区和城市公园。在华北地区一年四季均可见到，但尚不能确定它们为留鸟还是分属不同居留类型的迁徙种群。群居，觅食于农田。营巢于树洞中，窝卵数2～10枚。

< 雀形目 PASSERIFORMES < 椋鸟科 Sturnidae 无危（LC）

liáng
北椋鸟

学　名：*Agropsar sturninus*
英文名：Daurian Starling
俗　名：燕八哥、宾灰燕

【识别特征】较小的椋鸟，体长16～19厘米。背部深色。雄鸟背部泛亮紫色光泽，两翼泛墨绿色光泽并具明显的白色翼斑，头、胸部灰色，枕部具黑斑，腹部白色。雌鸟上体烟灰色，枕部具褐色点斑，两翼和尾部黑色。幼鸟浅褐色，下体斑驳褐色。鸣声为椋鸟典型的沙哑哨音和似笑声。

【生态习性】繁殖于外贝加尔至中国东北地区，越冬于东南亚和大巽他群岛。在中国，繁殖于东北和华北，迁徙途经东南至华南、西南和海南。通常罕见于中海拔以下地区。在华北地区为罕见旅鸟及夏候鸟。觅食于沿海开阔地区的地面。营巢于树洞，窝卵数3～7枚。

< 雀形目 PASSERIFORMES < 鸦科 Corvidae　　　　　　无危（LC）

松　鸦

学　名：*Garrulus glandarius*
英文名：Eurasian Jay
俗　名：山黎鸡

【识别特征】小型偏粉色鸦，体长30～36厘米。具特征性黑色和蓝色镶嵌的翼斑，腰部白色。髭纹黑色，两翼黑色并具白斑（*G. g. sinensis*亚种无此白斑）。飞行时两翼显得宽而圆。飞行沉重，振翅无规律。不同亚种头部、颈部色彩和翼上白斑有所不同。鸣声为粗哑短促的"ksher"声或哀婉猫叫声。

【生态习性】分布于欧洲、西北非、中东、喜马拉雅山脉、日本、东南亚。在中国，分布广泛并甚常见于华北、华中和华东大部分地区。*G. g. brandtii*亚种见于西北（阿尔泰山脉）和东北，*G. g. bambergi*亚种见于东北地区西部和东部，*G. g. pekingensis*亚种见于华北大部地区，*G. g. kansuensis*亚种见于青海和甘肃，*G. g. interstinctus*亚种见于西藏南部，*G. g. leucotis*亚种见于云南南部，*G. g. sinensis*亚种见于华中、华东、华南和东南大部地区，*G. g. taivanus*亚种见于台湾。在华北地区见于山区针叶、阔叶林中，为不常见的留鸟。性嘈杂，喜落叶林，以果实、鸟蛋、动物尸体和橡子为食。大胆围攻猛禽。营巢于高大乔木顶端较为隐蔽的枝杈处。巢呈杯状，窝卵数5～8枚。

< 雀形目 PASSERIFORMES < 鸦科 Corvidae　　　　　　无危（LC）

灰喜鹊

学　名：*Cyanopica cyanus*
英文名：Azure-winged Magpie
俗　名：山喜鹊

【识别特征】小型而修长的灰色鹊，体长31～40厘米。具黑色头罩，两翼天蓝色，并具蓝色长尾。鸣声为粗哑高声的"zhruee"或清晰的"kwee"声。

【生态习性】分布于东北亚及中国、日本大部分地区。在中国常见，并广布于华东和东北地区。在华北地区为甚常见留鸟。性嘈杂，集群栖于开阔林地、公园及城镇中。飞行振翅迅速并作长距离的无声滑翔。在树上和地面觅食果实、昆虫和动物尸体等。营巢于次生林和人工林中，也在村镇附近和路边树上营巢，窝卵数4～9枚。

< 雀形目 PASSERIFORMES < 鸦科 Corvidae | 无危（LC）

红嘴蓝鹊

学　名：*Urocissa erythroryncha*
英文名：Red-billed Blue Magpie
俗　名：长尾蓝鹊、长尾巴练

【识别特征】具长尾的亮蓝色鹊，体长53～68厘米。头部黑色而顶冠白色。喙深红色，跗跖红色。腹部和臀部白色，具楔形尾，外侧尾羽黑色而羽端白色。虹膜红色，鸣声为粗哑刺耳叫声和一系列其他鸣叫声及哨音。

【生态习性】分布于喜马拉雅山脉、印度东北部、中国大部分地区、缅甸和中南半岛。在中国常见，并广布于林缘、灌丛甚至城镇和村庄。在华北地区为常见留鸟。性嘈杂，集小群活动。食果实、小鸟、鸟蛋、昆虫和动物尸体，通常在地面觅食。主动围攻猛禽。营巢于树木侧枝上，巢呈碗状，窝卵数3～6枚。

＜ 雀形目 PASSERIFORMES ＜ 鸦科 Corvidae　　　　　无危（LC）

喜　鹊

学　　名：*Pica pica*
英文名：Common Magpie
俗　　名：客鹊

【识别特征】较小的黑白色鹊，体长40～50厘米。具黑色长尾，常见于中国书画作品中。腰部具浅色或偏白色带斑。鸣声为响亮粗哑的嘎嘎声。

【生态习性】分布于包括台湾、海南在内的中国东部和南部以及缅甸北部、老挝北部和越南北部。

在中国广布而常见，并被视作好运而通常免遭捕杀。在华北地区为甚常见留鸟。适应性强，从华北开阔农田到上海、香港的摩天大楼均可见。集多达20只以上的大群。营巢于高大乔木接近树顶处，巢为精心搭建的拱圆形树枝堆，年复一年地使用。窝卵数5～8枚。

< 雀形目 PASSERIFORMES < 鸦科 Corvidae   无危（LC）

达乌里寒鸦

学　名：*Corvus dauuricus*
英文名：Daurian Jackdaw
俗　名：山老鸹

【识别特征】小型黑白色鸦，体长29～37厘米。颈部偏白色斑延至胸部下方。幼鸟体色对比不甚明显，虹膜深色，耳羽具银色细纹。鸣声为飞行中发出鸦类典型的"chak"声，也发出其他相似叫声。

【生态习性】分布于俄罗斯东部、西伯利亚、青藏高原东部边缘地带及中国中部、东部和东北部。在中国尤其是北方地区常见于海拔2000米以下，繁殖于华北、华中和西南，越冬于东南，迷鸟至台湾。在华北地区为冬候鸟、留鸟，也有少量夏候鸟繁殖于山区。常在食草动物间觅食。营巢于开阔地、树洞、岩崖或建筑物上，窝卵数4～8枚。

< 雀形目 PASSERIFORMES < 鸦科 Corvidae　　　　　无危（LC）

学　名：*Corvus frugilegus*
英文名：Rook
俗　名：老鸹

秃鼻乌鸦

【识别特征】较大的黑色鸦，体长45～50厘米。喙基具特征性浅灰色裸露皮肤。幼鸟脸部覆羽，易与小嘴乌鸦相混淆，区别为顶冠更为拱圆、喙呈锥形且尖、腿部垂羽更为松散。飞行时可见尾端呈楔形、两翼较长而窄、"翼指"明显、头部突出。鸣声为比小嘴乌鸦更干涩、平缓的"kaak"声，也作高声而哀婉的"kraa-a"声和其他叫声。鸣唱声包括"咯咯"声、"啊啊"声和怪异的"咔嗒"声等，并伴以头部前后伸缩动作。

【生态习性】分布于欧洲至中东和东亚。在中国曾常见，如今数量已大为下降。在华北地区为不常见留鸟。觅食和营巢均高度集群。觅食于田野和矮草地。常跟随家畜。营巢于高大乔木的树杈上，窝卵数5～6枚。

小嘴乌鸦

学　名：*Corvus corone*
英文名：Carrion Crow
俗　名：老鸹、细嘴乌鸦

【识别特征】大型黑色鸦，体长48～56厘米。与秃鼻乌鸦的区别为喙基部覆黑色羽。与大嘴乌鸦的区别为额弓更低、喙虽强劲但更为修长、上喙鼻须无凹刻。鸣声为粗哑的"kraa"声。

【生态习性】分布于欧亚大陆、日本。在华北地区为甚常见留鸟和冬候鸟。集大群夜栖，但不像秃鼻乌鸦般集群营巢。觅食于矮草地和农耕地，主食无脊椎动物，也食动物尸体。通常不像大嘴乌鸦般进入城市生境。营巢于高大乔木近树顶处，窝卵数4～6枚。

< 雀形目 PASSERIFORMES < 鸦科 Corvidae　　　　　　无危（LC）

大嘴乌鸦

学　名：*Corvus macrorhynchos*
英文名：Large-billed Crow
俗　名：老鸹、乌鸦

【识别特征】大型亮黑色鸦，体长47～57厘米。喙甚粗厚并呈拱形。与小嘴乌鸦的区别为喙粗厚、尾更圆、额弓更高且上喙鼻须有一凹刻。鸣声为粗哑的"kaw"喉音和高音"awa，awa，awa"声，也作低沉咯咯声。

【生态习性】分布于伊朗至中国、东南亚、苏拉威西岛、马来半岛和马来群岛。在中国为除西北部外的大部分地区常见留鸟。在华北地区为留鸟。常成对栖于村庄周围。营巢于高大乔木顶部树杈处，窝卵数3～5枚。

< 雀形目 PASSERIFORMES < 岩鹨科 Prunellidae   无危（LC）

棕眉山岩鹨
liù

学　名：*Prunella montanella*
英文名：Siberian Accentor
俗　名：铃铛眉子

【识别特征】较小的斑驳褐色岩鹨，体长15～16厘米。具明显头部图纹，头顶和头侧偏黑色，余部赭黄色。眉纹和喉部橙黄色且两胁具纵纹。虹膜黄色，喙角质色，跗跖暗黄色。鸣声为清脆的"seereesee"或"si-si-si-si"声，鸣唱声为高音啭鸣声。

【生态习性】繁殖于俄罗斯全境至西伯利亚、朝鲜半岛和日本，并偶见于阿拉斯加和欧洲。在中国，越冬于东北和华北，罕见于青海、四川北部至安徽和山东一带，也记录于江苏。在华北地区为冬候鸟及旅鸟。隐于林下植被和灌丛中。营巢于灌丛中或灌丛旁的地面，窝卵数4～6枚。

< 雀形目 PASSERIFORMES ＜鸫科 Turdidae　　　　无危（LC）

白眉地鸫
dōng

学　名：*Geokichla sibirica*
英文名：Siberian Thrush
俗　名：地穿草鸡

【识别特征】偏黑色（雄鸟）或褐色（雌鸟）的鸫，体长20～23厘米。具独特而明显的眉纹。雄鸟体羽青灰黑色，眉纹白色，尾羽羽端和臀部白色。雌鸟橄榄褐色，下体皮黄白色和赤褐色，眉纹皮黄白色。飞行时可见翼下两道白色宽斑。跗跖黄色。在冬季仅发出恬静的"chit"或"stit"哨音召唤声。鸣唱声为短促的"chooeloot…chewee"续以"sirrr"声。

【生态习性】繁殖于亚洲北部，迁徙途经东南亚，越冬于大巽他群岛。在中国为不常见候鸟。在华北地区为罕见旅鸟。性活泼，栖于森林地面和树冠，有时集群。

雄鸟 Male

< 雀形目 PASSERIFORMES < 鸫科 Turdidae　　　　　　无危（LC）

虎斑地鸫 _{dong}

学　名：*Zoothera aurea*
英文名：White's Thrush
俗　名：顿鸡、怀氏虎鸫

【识别特征】具鳞状斑的褐色鸫，体长25～27厘米。上体褐色，下体白色，通体布满黑色和皮黄金色羽缘形成的鳞状斑。鸣声为一连串快速爆发音杂以刺耳叫声，似"pur-loo-trii-lay，dur-lii-dur-lii，drr-drr-chew-you-wi-iiii"。

【生态习性】广布于欧洲至印度、中国、东南亚包括苏门答腊岛、爪哇岛、巴厘岛和龙目岛。在中国为海拔3000米以下较常见的留鸟和候鸟。在华北地区为不常见旅鸟。栖于密林，觅食于地面。营巢于较低树枝，窝卵数4～5枚。

< 雀形目 PASSERIFORMES < 鸫科 Turdidae 无危（LC）

dōng
灰背鸫

学　名：*Turdus hortulorum*
英文名：Grey-backed Thrush
俗　名：—

雄鸟 Male

雌鸟 Female

【识别特征】较小的灰色鸫，体长19～23厘米。两胁棕色。雄鸟上体全灰色，喉部灰色或偏白色，胸部灰色，腹部中央和尾下覆羽白色，两胁和翼下橙色。雌鸟上体偏褐色，喉、胸部白色并具黑色锯齿状点斑。鸣唱声优美悦耳。告警声为轻笑声和似喘息的"chuck chuck"声。

【生态习性】繁殖于西伯利亚东部和中国东北部，越冬于中国南部。在中国较常见，繁殖于黑龙江东部和河北，迁徙途经华东大部地区，越冬于长江以南，并偶见于海南和台湾。在华北地区主要为不常见旅鸟，偶有越冬记录。在林地和庭院的枯叶间跳动。性羞怯。营巢于林间树上较低处，窝卵数3～5枚。

<＜雀形目 PASSERIFORMES ＜鸫科 Turdidae　　　　　无危（LC）

乌　鸫
dong

学　名：*Turdus mandarinus*
英文名：Chinese Blackbird
俗　名：—

【识别特征】体形略大的全深色鸫，体长28～29厘米。雄鸟眼圈金黄色，周身黑色，喙橙黄色或锈褐色。雌鸟上体黑褐色，下体深褐色，喙暗绿色至喙端黑色。跗跖黑褐色。鸣声甜美，鸣啭复杂多变，音色变化丰富，擅长模仿其他鸟类的声音。

【生态习性】分布于欧亚大陆、北非、印度至中国，越冬至中南半岛。广泛分布于中国中部及南部。在华北地区为常见留鸟及夏候鸟。于地面取食，喜奔走于草地上捕食无脊椎动物、蠕虫或在园林中取食植物果实。于树上营碗状编织巢，窝卵数2～6枚。

＜ 雀形目 PASSERIFORMES ＜ 鸫科 Turdidae ｜ 国家二级 ｜ 无危（LC）

褐头鸫 dōng

学　名：*Turdus feae*
英文名：Grey-sided Thrush
俗　名：费氏穿草鸡

【识别特征】中等体形的浓褐色鸫，体长22～25厘米。雌雄相似。眼先黑色，眉纹及眼下白色，上喙及喙端黑色，下喙基明黄色。成鸟头、上体深棕色，两翼大部棕色，初级飞羽褐黑色，下体暗灰色，尤以两胁灰色浓重，腹部及尾下覆羽浅灰色近白。跗跖暗黄色。叫声比白眉鸫略显细薄，为"zeee"或"sieee"声。

【生态习性】繁殖于中国北方，越冬至印度东部及东亚。在中国繁殖于河北、山西及北京等地。性隐匿，成群活动，冬季常与白眉鸫混群，繁殖期于高处枝头高声鸣唱。营巢于灌丛中或树上，窝卵数4～5枚。

宇玉云辉 摄

197

<参 雀形目 PASSERIFORMES <鸫科 Turdidae　　　　　无危（LC）

白眉鸫 (dōng)

学　名：*Turdus obscurus*
英文名：Eyebrowed Thrush
俗　名：灰头窜鸡

【识别特征】中等体形的褐色鸫，体长19～24厘米。眼先黑色，眉纹、眼下及颊白色。雄鸟头部、喉、颈侧及上胸深灰色，喉及耳羽常夹杂不清晰的白色纵纹，背、腰、两翼大部及尾上覆羽棕褐色，初级飞羽黑褐色，尾羽深灰褐色，胸侧及两胁为橙褐色，下体余部白色。雌鸟头颈部灰色或棕褐色，上胸部具有灰白色斑点，颏及喉白。单薄的"zip-zip"声或拖长的"tseep"联络叫声。

雌鸟 Female

【生态习性】繁殖于古北界中部及东部，冬季迁徙至印度东北部、东南亚、苏拉威西岛及大巽他群岛。在中国仅繁殖于黑龙江东北部及内蒙古北部，过境时可见于中部及东部大部分地区，于南部地区越冬。在华北地区为不常见旅鸟，活动于低矮树丛及林间，取食地面蚯蚓。性活泼喧闹，甚温驯而好奇，较机警，常集小群等。窝卵数4～6枚。

< 雀形目 PASSERIFORMES ＜鸫科 Turdidae 　　　　　无危（LC）

赤胸鸫 dōng

学　名：*Turdus chrysolaus*
英文名：Brown-headed Thrush
俗　名：—

【识别特征】中等体形的暖褐色鸫，体长23～24厘米。喙近黑，下喙基黄色。虹膜黑色，带金黄色眼圈。跗跖褐色。雄鸟头、上体、两翼及尾锈褐色，喉、胸、两胁为大面积橙棕色，腹部及臀白色。雌鸟似雄鸟，但头及上体黄褐色，额、喉白色，夹杂褐色纵纹。叫声为一连串粗哑的"chuck-chuck"声。

【生态习性】繁殖于日本南部，越冬于中国台湾、华东、海南岛及菲律宾。在中国尚无繁殖记录，有迁徙经河北及山东的旅鸟，于华南地区有越冬个体。在华北地区为罕见迷鸟。性机警，喜混合型灌丛，林地活动。

雄鸟 Male

< 雀形目 PASSERIFORMES < 鸫科 Turdidae　　　　无危（LC）

dōng
黑喉鸫

学　名：*Turdus atrogularis*
英文名：Black-throated Thrush
俗　名：—

雄鸟 Male

【识别特征】中型鸫，体长24～27厘米。雄鸟头顶、耳羽至颈后灰黑色，背部至尾上覆羽及两翼深灰色，眼先、眉纹及颊、颏、喉部纯黑色，并延伸至颈侧及上胸部，下胸至尾下覆羽灰白色，着淡灰色杂斑，尾羽深灰黑色。雌鸟似雄鸟，但头、胸部黑色不纯且常呈鳞状黑斑、有时甚至仅为黑灰色晕染，颊及颏、喉常不全黑，下体尤其两胁处带黑灰色细纵纹。鸣叫似赤颈鸫。

雌鸟 Female

【生态习性】在中国繁殖于新疆，向南或向东迁徙越冬。在华北地区为不常见的冬候鸟和旅鸟，见于平原及山区的灌丛和树林环境。常集群活动，在华北地区数量较少，与其他鸫混群。冬季以浆果等为食。窝卵数5枚左右。

< 雀形目 PASSERIFORMES ＜鸫科 Turdidae　　　　　无危（LC）

	学　名：*Turdus ruficollis*
dōng **赤颈鸫**	英文名：Red-throated Thrush 俗　名：红喉穿草鸡

【识别特征】中等体形的鸫，体长23～27厘米。雄鸟上体灰褐色，眼先深棕色，眉纹及颊、颏、喉部绛红色，并延伸至颈侧及上胸部，下胸至尾下覆羽白色，中央尾羽深棕色，其余尾羽深橘红色，翼上黑灰色。雌鸟似雄鸟，但头、胸部红色较淡而不纯，颊、颏、喉夹杂不清晰的黑色纵纹，下体灰褐色斑纹更显著。飞行时叫声为单薄的"tseep"，告警时发出带喉音的"咯咯"声，似乌鸫但较轻柔。

【生态习性】繁殖于亚洲中北部及西北部，南迁至巴基斯坦、喜马拉雅山脉、中国北部及西部和东南亚越冬。在中国繁殖于新疆西北部地区，越冬于长江以北的大部分地区。在华北地区为常见的冬候鸟和旅鸟，见于平原及山区的灌丛和树林环境。常成群活动，与红尾斑鸫、斑鸫及黑喉鸫混群。冬季以浆果等为食。窝卵数4～7枚。

无危（LC）

斑鸫 dōng

学　名：*Turdus eunomus*
英文名：Dusky Thrush
俗　名：穿草鸡、窜鸡

【识别特征】中等体形且具明显黑白色图纹的鸫，体长23～25厘米。具有浅棕色的翼线和棕色的宽阔翼斑。雄鸟头顶、耳羽至颈后深灰黑色或灰褐色，上背黑褐色，羽缘皮黄色或白色，下背至尾上覆羽棕褐色驳杂，尾羽近黑，眉纹、眼下及额和颈侧白色，喉白色，可带黑褐色细纹，胸、胁及侧腹部黑色，羽缘白色，形成鳞状或矛状斑，腹中央尾下覆羽近白，肩及小覆羽黑褐、翼上余部亮棕。雌鸟头及上体偏褐色，眉纹皮黄色，眼下及颈侧多黑色斑，下体黑色不显著，翼上棕色浅。存在与红尾斑鸫杂交的现象。轻柔悦耳的尖细叫声"chuck-chuck"或"kwa-kwa-kwa"，也有似椋鸟的"swic"声。告警时发出快速的"kveveg"声。

【生态习性】繁殖于东北亚，迁徙至喜马拉雅山脉、中国大部分地区。国内广泛分布，为华北林区常见冬候鸟及旅鸟。常成群活动，多与红尾斑鸫混群。以浆果、种子等为食。窝卵数4～7枚。

< 雀形目 PASSERIFORMES ＜鸫科 Turdidae　　　　　　　无危（LC）

红尾斑鸫　dōng

学　名：*Turdus naumanni*
英文名：Naumann's Thrush
俗　名：穿草鸡、窜鸡、红尾鸫

【识别特征】具明显黑白色图纹的中型偏红色鸫，体长23～25厘米。上体以棕褐色为主，下体白色，在胸部有红棕色斑纹围成一圈，两胁具红棕色点斑，眼上有清晰的白色眉纹。似斑鸫，并有时与之混群，区别为尾部偏红色、下体和眉纹橙色。鸣声为轻柔而甚悦耳的尖细"chuck-chuck"声或"kwa-kwa-kwa"声，也作似椋鸟的"swic"声。

【生态习性】繁殖于亚洲东北部，迁徙途经中国东北部，越冬于华东和台湾等地。一般单独在田野的地面上栖息。红尾鸫和斑鸫的混种在华北地区并不少见。以浆果、种子等为食。窝卵数5～6枚。

< 雀形目 PASSERIFORMES <鸫科 Turdidae　　　　　无危（LC）

宝兴歌鸫
dōng

学　名：*Turdus mupinensis*
英文名：Chinese Thrush
俗　名：穿草鸡、窜鸡

【识别特征】中等体形的鸫，体长22～24厘米。雌雄相似。眼先及面部污白，杂以模糊的褐色斑，耳羽后部具黑月牙斑，上喙灰黑色，下喙基暗黄色，喙端灰黑色，上体褐色，额、喉近白，髭纹黑色，下体白色，除尾下覆羽外密布黑色圆斑，胸侧及两胁偶带皮黄色，中、大覆羽羽端皮黄，形成两道翼斑，跗跖肉色。鸣声为一连串有节奏的悦耳之声，通常在3～5声后有3～11秒的停顿。多为平声，有时上升，偶尔模糊。

【生态习性】中国特有种。在中国中部和西南地区为留鸟，在华北为夏候鸟。在华北地区繁殖于中高海拔山区阔叶林，为不常见夏候鸟。迁徙时见于平原地区林地和林下草地等环境，冬季在近山平原处有零星记录。性机警，常隐匿于树冠中鸣啭。常在地面采食无脊椎动物。营巢于阔叶树上，窝卵数4～6枚。

< 雀形目 PASSERIFORMES < 鹟科 Muscicapidae　　　无危（LC）

qú
欧亚鸲
学　名：*Erithacus rubecula*
英文名：European Robin
俗　名：—

【识别特征】中等体形，丰满而直挺，为欧洲观鸟者甚熟悉的歌鸲，体长13～15厘米。雌雄相似。喙黑色，脸及胸红色，脸侧及胸侧灰色，上体橄榄褐色，下体污白，两胁浅橄榄褐色延伸至腹部，耳羽、喉侧及胸侧蓝灰色呈连续带状，跗跖粉色至粉棕色。鸣声为强起伏的清晰哀怨声，音调及音速均有瞬息变化。叫声包括尖厉的"tic"或"tic-ic-ic"声及牵拉薄金属般的"seeek"声。

【生态习性】分布于温带欧洲，冬季北方鸟南迁至北非沿海及中东越冬。在中国分布于新疆西部。在华北地区为罕见迷鸟，见于城市园林灌丛。常在灌丛之下的地面或低矮枝条间跳动，擅隐蔽，鸣啭时则站在显眼的枝头处。窝卵数5～6枚。

< 雀形目 PASSERIFORMES < 鹟科 Muscicapidae　　无危（LC）

qú
红尾歌鸲
学　名：*Larvivora sibilans*
英文名：Rufous-tailed Robin
俗　名：红尾鸲

【识别特征】体小、尾部棕色的歌鸲，体长13～15厘米。雌雄相似。上体橄榄棕色，多具黑色细纹，眉纹皮黄色，多只见于眼前段，颊棕色具皮黄色或浅褐色细纹，下体皮黄色或白色颏及喉部密布暗褐色斑点，胸部及上腹部密布暗褐色鳞状斑纹，两胁褐色或灰褐色，尾羽栗红色，跗跖粉色或粉棕色。鸣啭较单一，常由一长串颤音组成，似日本歌鸲但每句较长且不具先导音符。

【生态习性】分布于东北亚，越冬至中国南方。繁殖于西伯利亚东部，越冬于中国南部及东南亚地区。在华北地区为不常见旅鸟，见于城市开阔林地或园林灌丛。常在林下地面或灌丛中活动。窝卵数5～6枚。

< 雀形目 PASSERIFORMES ＜鹟科 Muscicapidae　　　　无危（LC）

蓝歌鸲
qú

学　名：*Larvivora cyane*
英文名：Siberian Blue Robin
俗　名：蓝靛杠

雄鸟 Male

【识别特征】中型蓝、白色（雄鸟）或褐色（雌鸟）鸲，体长13～14.5厘米。雄鸟上体钴蓝色，眼先、下颊、颈侧及胸侧黑色，下体纯白，两肋有灰蓝色晕染，尾短，尾羽黑褐色，多沾蓝色，初级飞羽黑褐色且羽缘沾蓝，内侧飞羽及翼上覆羽钴蓝色。雌鸟上体橄榄褐色，腰部及尾上覆羽沾蓝色，下体皮黄色，颊、喉侧及胸具褐色鳞纹，胁浅棕色，喙黑色，冬季下喙基粉色，跗跖粉色。冬季发出生硬、低沉的"tak"声，也作响亮的"se-ic"声。

【生态习性】繁殖于东北亚，冬季迁至印度、中国南方、东南亚及大巽他群岛。在中国繁殖于华北及东北，越冬于东南亚。在华北地区为区域性常见的夏候鸟及旅鸟，过境时常见于城市园林灌丛底部，繁殖于山区森林。常隐于密林地面，在繁殖地通常只闻其声不见其影。营巢于山区林下地面或草丛中，窝卵数4～6枚。

< 雀形目 PASSERIFORMES <鹟科 Muscicapidae 　　无危（LC）

qú
红喉歌鸲

学　名：*Calliope calliope*
英文名：Siberian Rubythroat
俗　名：红点颏

国家二级

雄鸟 Male

雌鸟 Fema

【识别特征】丰满的中型褐色鸲，体长14～16厘米。雄鸟上体橄榄褐，额及头顶棕色，具有醒目的白色眉纹和颊纹，边缘有细小的黑色纹路，眼先深黑色，颏及喉部鲜红，覆羽及飞羽暗棕色，尾褐色，两胁皮黄色，腹部及尾下覆羽皮黄白色。雌鸟似雄鸟，但整体暗淡，头部黑白色条纹独特，颏及喉部白色或皮黄色，眉纹及下髭纹细小沾污，眼先黑褐色，胸部沙褐色。跗跖粉色至褐色。鸣声为尖利刺耳的长颤音。响亮的下降调双哨音"ee-uk"，告警时发轻柔深沉的"tschuck"声。

【生态习性】繁殖于东北亚。冬季至印度、中国南方及东南亚。在中国繁殖于东北、青海东北部至甘肃南部及四川；越冬于中国南方包括台湾及海南岛。在华北地区为区域性常见旅鸟，见于芦苇丛、树林及城市园林。常在林下地面、芦苇丛或灌丛中活动。窝卵数4～6枚。

< 雀形目 PASSERIFORMES < 鹟科 Muscicapidae　　　无危（LC）

qú
蓝喉歌鸲　　学　名：*Luscinia svecica*
英文名：Bluethroat
俗　名：蓝点颏

国家二级

【识别特征】中等体形的色彩艳丽的歌鸲，体长13～15.5厘米。喙黑色，特征为喉部具栗色、蓝色及黑白色图纹，眉纹近白，外侧尾羽基部的棕色于飞行时可见。雄鸟上体沙褐色，下体污白色，尾深褐色。雌鸟似雄鸟但整体暗淡，眉纹褐黄色，颏、喉及胸部皮黄色，多具黑褐色斑纹且形成喉侧纵纹及胸带，有时沾染蓝色或橙色斑点。跗跖肉褐色。鸣声饱满似铃声，节拍加快，包括部分模仿其他鸟的鸣声，有时在夜间鸣叫。

【生态习性】分布于古北界和阿拉斯加，越冬于印度、中国和东南亚。在中国繁殖于东北及西北地区，越冬于南部及西南地区。在华北地区为区域性常见旅鸟，见于芦苇丛、园林灌丛。常在林下地面、灌丛或芦苇中活动。窝卵数4～6枚。

雄鸟 Male

雌鸟 Female

< 雀形目 PASSERIFORMES < 鹟科 Muscicapidae　　　无危（LC）

蓝额红尾鸲（qú）

学　名：*Phoenicuropsis frontalis*
英文名：Blue-fronted Redstart
俗　名：—

【识别特征】体色艳丽的中型红尾鸲，体长15～16厘米。雌雄尾部均为亮棕色并具由中央尾羽和其余尾羽端形成的独特倒"T"字形黑色斑（雌鸟为褐色）。雄性头部、胸部、枕部和翕部深蓝色，额部和短眉纹钴蓝色，两翼黑褐色而羽缘褐色和皮黄色，但无白色翼斑，腹部、臀部、背部和尾上覆羽橙棕色。雌性褐色，眼圈皮黄色，与其他相似的红尾鸲雌鸟的区别为尾端深色。鸣声为单音"tic"声。告警声为轻声重复的"ee-tit, ti-tit"声，从停歇处或在飞行中发出。鸣唱声为一连串甜美啭鸣和粗哑喘息声。

雄鸟 Male

【生态习性】分布于中国中部至青藏高原和喜马拉雅山脉，越冬于缅甸西南部和中南半岛北部。在中国较常见，繁殖于西藏南部、青海东部和南部、甘肃南部、宁夏、陕西南部秦岭、四川、贵州以及云南的高海拔山区，冬季下至分布区内较低海拔处，部分个体往南迁徙。在华北地区为新记录鸟种，或迷鸟、逃逸鸟。通常单独活动，迁徙时集小群。从停歇处飞出捕捉昆虫。尾部上下摆动。性不惧人。

< 雀形目 PASSERIFORMES <鹟科 Muscicapidae　　　　无危（LC）

红胁蓝尾鸲 qú

学　名：*Tarsiger cyanurus*
英文名：Orange-flanked Bluetail
俗　名：蓝尾巴根

【识别特征】体形略小而喉白的鸲，体长13～15厘米。橘黄色两胁与白色腹部及臀成对比。雄鸟喙黑色，上体深蓝色带辉光，眉纹白色沾染蓝色，眼先及颊黑色，耳羽暗褐色，多黑色细纹，上体亮蓝色，尾羽黑褐色，具蓝色羽缘，飞羽暗褐色、三级飞羽及内侧次级飞羽沾蓝色，下体皮黄色，喉侧及胸侧暗蓝色，两胁橙红色可延伸至胸侧。雌鸟及未成年雄鸟上体橄榄褐，喉侧及胸侧无蓝色。雌鸟与雌性蓝歌鸲的区别为喉部褐色并具白色喉中线而非全白色，两胁橙色而非皮黄色。叫声为单音或双轻音的"chuck"，声轻且弱的"churr-chee"或"dirrh-tu-du-dirrrh"。

【生态习性】繁殖于亚洲东北部及喜马拉雅山脉。冬季迁至中国南方及东南亚。在中国繁殖于东北地区，越冬于长江流域及以南地区。在华北地区为常见的旅鸟，见于园林树林、灌丛，也为罕见的山区夏候鸟及不常见冬候鸟。多活动于林下及地面，捕食昆虫等。站立时常上下摆尾。常营巢于土洞、树根中或树洞中，窝卵数3～5枚。

雄鸟 Male

雌鸟 Female

< 雀形目 PASSERIFORMES < 鹟科 Muscicapidae　　　　无危（LC）

北红尾鸲 ^(qú)

学　名：*Phoenicurus auroreus*
英文名：Daurian Redstart
俗　名：花红燕儿

雄鸟 Male

雌鸟 Female

【识别特征】中等体形而色彩艳丽的红尾鸲，体长13～15厘米。雄鸟头顶至后颈灰白色，上背及肩羽黑色，下背至尾上覆羽橘红色，眼先、颊、额、喉至上胸黑色，中央尾羽暗褐色，其余尾羽橘红色，最外侧尾羽外具棕色边缘，两翼大部黑色，次级飞羽基部白色，形成白色三角形翼斑。雌鸟头及上体大多棕褐色而无黑色，下体橘黄色，两翼棕褐色，白色翼斑较雄鸟小甚至无翼斑。叫声为一连串轻柔哨音接轻柔的"tac-tac"声，鸣声为一连串欢快的哨音。

【生态习性】为留鸟，见于东北亚及中国，迁徙至日本、中国南方、喜马拉雅山脉、缅甸及印度支那北部。国内广泛分布，在华北地区为平原常见的旅鸟及冬候鸟，也是中、低海拔山区及近山平原的常见夏候鸟。喜灌丛、阔叶林及人工绿地等。常站在显眼的枝头、电线等处，有抖尾等行为。营巢于岩隙或树洞中，窝卵数3～6枚。

< 雀形目 PASSERIFORMES　< 鹟科 Muscicapidae　　　　无危（LC）

zhě　　qú **赭红尾鸲**	学　名：*Phoenicurus ochruros* 英文名：Black Redstart 俗　名：—

【识别特征】中等体形的深色红尾鸲，体长13～16厘米。雄鸟黑红两色，头顶至腰部深烟黑色，两翼纯黑色，无翼斑或翼带，尾上覆羽深橘红色，头颈至胸部纯黑色，下体余部深橘红色，中央尾羽黑色，其余尾羽深橘红争。雌鸟上体暗灰褐色，下体沙褐色，耳羽略沾棕色，眼先皮黄色，尾上覆羽及尾羽似雄鸟。跗跖黑色。鸣声为6～7个响亮有力的颤音接以奇特的粗哑声收尾，被形容为似流铅灌入瓶中。告警叫声为"tucc-tuee"或"tititicc"，之前常有"tseep"叫声。

【生态习性】分布于古北界，越冬至非洲东北部及中国东南。常见于中国西部广大地区，越冬于云南及南亚地区。在华北地区为罕见迷鸟，见于西部山区，城区公园有零星记录。在地面或灌丛中觅食。窝卵数4～6枚。

雄鸟 Male

雌鸟 Female

213

< 雀形目 PASSERIFORMES < 鹟科 Muscicapidae　　无危（LC）

黑喉石䳭

ji

学　名：*Saxicola maurus*
英文名：Siberian Stonechat
俗　名：石栖鸟

【识别特征】中等体形的黑、白及赤褐色䳭，体长12～14厘米。雄鸟繁殖羽头部及飞羽黑色，颈侧具一明显白斑，背部及两翼黑褐色有一白色翼斑，尾羽黑色。雌鸟色较暗无黑色，头顶具黑色细纹，背部深褐色，白色翼斑面积较雄鸟小，下体皮黄色。雄鸟非繁殖羽似雌鸟，但羽色较深，白色翼斑面积较大。鸣声为责骂声"tsack-tsack"，似两块石头的敲击声。

【生态习性】繁殖于古北界、日本、喜马拉雅山脉及东南亚的北部，冬季至非洲、中国南方、印度及东南亚。国内见于东部地区。在华北地区迁徙季常见于开阔地带的灌丛、草地、农耕地等环境，为旅鸟。常在开阔灌丛地带的枝头站立，喜单独活动，主要以昆虫为食，常飞至空中捕食昆虫。营巢于地面或近地面处的缝隙、洞穴或浓密的灌丛中，窝卵数5～8枚。

雄鸟 Male

雌鸟 Female

< 雀形目 PASSERIFORMES <鹟科 Muscicapidae　　　　　无危（LC）

jī dōng
白喉矶鸫

学　名：*Monticola gularis*
英文名：White-throated Rock Thrush
俗　名：虎皮翠

雌鸟 Female　　　雄鸟 Male

【识别特征】体形小的矶鸫，体长17～19厘米。雄鸟头顶、颈部及肩羽为淡蓝色闪斑，眼周、头侧、背部及两翼黑色，喉部白色，下体多棕红色。雌鸟整体褐色，背部多鳞状斑纹，胸腹部白色具深色鳞状斑纹。告警时发出粗哑叫声，夜晚发出优美而伤感的鸣声。

【生态习性】繁殖于古北界的东北部，越冬于中国南方及东南亚，偶见于日本。国内主要见于东北、华北、华东、东南等地区。在华北地区偶见于中低海拔山区或城市公园的林地环境，为旅鸟及夏候鸟。多单独或成对活动。繁殖期栖息于多水潮湿的阴坡，营巢于近水的岩石缝隙、洞穴等隐蔽处，窝卵数4～6枚。

< 雀形目 PASSERIFORMES <鹟科 Muscicapidae　　　无危（LC）

wēng
乌 鹟

学　名：*Muscicapa sibirica*
英文名：Dark-sided Flycatcher
俗　名：斑鹟

【识别特征】体形略小的烟灰色鹟，体长12～14厘米。雌雄同色。喙较小，近黑色，下喙基黄色不明显，白色眼圈明显，头部灰色眼先深色，上体深灰色，下体偏白色，颈部、胸部具模糊的深色斑纹，喉白色，白色半颈环明显，背部、两翼、尾羽灰色，初级飞羽较长，翼尖通常达尾的一半以上。鸣音复杂，为重复的一连串单薄音加悦耳的颤音及哨音。叫声为活泼的金属般叮当声"chi-up，chi-up，chi-up"。

【生态习性】繁殖于东北亚及喜马拉雅山脉；冬季迁徙至中国南方、巴拉望岛、东南亚及大巽他群岛。国内见于东北、华北、华东、华南、东南、西南等地区。在华北地区，区域性常见于城市公园或郊野的开阔林地环境，为旅鸟。喜在林中层或冠层活动，常立于树木横枝上，发现昆虫追至空中捕捉。在树侧枝上营杯状编织巢，偶尔营巢于树洞中，窝卵数4～5枚。

< 雀形目 PASSERIFORMES < 鹟科 Muscicapidae　　　　　无危（LC）

wēng　学　名：*Muscicapa dauurica*
北灰鹟
英文名：Asian Brown Flycatcher
俗　名：灰鹟

【识别特征】体形略小的灰褐色的鹟，体长12～14厘米。雌雄同色。喙较大，下喙基黄色明显。上体灰褐色，下体偏白。眼先为浅色。白色半颈环不甚明显。背部、两翼、尾羽灰色，初级飞羽较短，翼尖通常达尾的一半。鸣声为短促的颤音间杂短哨音。叫声为尖而干涩的颤音"tit-tit-tit-tit"。

【生态习性】国内见于东北、华北、华南、华东、西南、东南等地区。在华北地区，区域性常见于城市公园或郊野的开阔林地环境，为旅鸟。窝卵数4～6枚。

| < 雀形目 PASSERIFORMES < 鹟科 Muscicapidae | 无危（LC） |

白眉姬鹟 wēng
学　　名：*Ficedula zanthopygia*
英文名：Yellow-rumped Flycatcher
俗　　名：鸭蛋黄、三色鹟

雄鸟 Male

雌鸟 Female

【识别特征】小型鹟，体长12～14厘米。喉、胸、腹为艳黄色，尾下覆羽白色。雄鸟头及上背黑色，具一明显的白色眉纹，下背及腰黄色，两翼黑色具一道长条形白色翼斑，尾羽黑色。雌鸟头至上体暗褐色，下体污白色，腰暗黄色，无眉纹。鸣声为深喘息声"tr-r-r-rt"。比红胸姬鹟音调更低。

【生态习性】繁殖于亚洲东北部，越冬于中国南部、东南亚和大巽他群岛。中国除西部外广泛分布。在华北地区，区域性常见于城市公园或山区的落叶阔叶林和混交林等环境，为旅鸟和夏候鸟。常单独或成对活动，喜中低海拔的林中层或冠层活动，性活跃，常在树丛中跳跃或觅食，时常在空中捕捉食物，较少在地面活动。营巢于树洞中，窝卵数4～5枚。

< 雀形目 PASSERIFORMES ＜鹟科 Muscicapidae　　　　无危（LC）

绿背姬鹟 wēng

学　名：*Ficedula elisae*
英文名：Green-backed Flycatcher
俗　名：鸡蛋黄

【识别特征】小型鹟，体长12～14厘米。雄鸟头及上体大致为橄榄绿色，具一较短的黄色眉纹，腰黄色，两翼黑褐色，具一道较窄而长的白色翼斑，尾羽黑褐色，下体柠檬黄色。雌鸟似雄鸟，但羽色较暗淡、无眉纹，翼斑极不明显。繁殖期擅鸣。雄鸟鸣唱声为轻柔而清晰的啭鸣，频率多变，包括短暂停顿的长调。

【生态习性】繁殖于中国河北、北京、山西、陕西等地，迁徙至东南亚。在华北地区，区域性常见于山区落叶阔叶林，迁徙过境时也见于城市公园，为旅鸟和夏候鸟。似黄眉姬鹟。窝卵数5枚。

雄鸟 Male

雌鸟 Female

< 雀形目 PASSERIFORMES < 鹟科 Muscicapidae　　无危（LC）

wēng
红喉姬鹟

学　名：*Ficedula albicilla*
英文名：Taiga Flycatcher
俗　名：黄点颏、红喉鹟

【识别特征】小型褐色鹟，体长11～13厘米。雄鸟喙铅灰色，白色眼圈明显，颊偏灰色，头顶至背部深褐色，两翼近黑色，尾羽近黑色，外侧尾羽基部白色，喉部橙红色，胸部偏灰色，腹部灰白色。雌鸟似雄鸟，但整体色浅，喉部无橙红色。预警时发出粗糙的"trrrt"声，静静的"tic"声及粗哑的"tzit"声。

雄鸟 Male

【生态习性】繁殖于东亚极北部，越冬于南亚次大陆和东南亚。在中国，繁殖于极东北地区，迁徙途经东半部包括台湾，并于广西、广东和海南为常见冬候鸟。在华北地区甚常见于低海拔的阔叶林、混交林、林缘灌丛等环境，为旅鸟。常单独活动，迁徙时亦常集成松散的小群，喜在林中层或灌丛活动。性活跃，尾常上下抖动，主要以昆虫为食。营巢于树洞中，窝卵数4～7枚。

雌鸟 Female

＜ 雀形目 PASSERIFORMES ＜王鹟科 Monarchidae　　　　无危（LC）

寿 带

学　名：*Terpsiphone incei*
英文名：Amur Paradise Flycatcher
俗　名：练鹊、长尾巴练

【识别特征】中型寿带，体长18～39厘米。喙和眼圈辉蓝色，头、冠羽和喉部蓝黑色。雄鸟易辨，一对中央尾羽极度延长，可达25厘米。雄鸟有两种色型：栗色型，上体、尾羽栗红色，下体羽灰白色为主；白色型，除头部蓝黑色外全身纯白。雌鸟上体、尾羽为栗色，无延长的中央尾羽。发出笛声及响亮的"chee tew"联络叫声。

【生态习性】分布于土耳其、印度、中国大部分地区，以及东南亚及巽他群岛。国内广泛分布于东部及南部地区。在华北地区不常见于低山地带树林中，为夏候鸟、旅鸟。常隐匿在林冠下层，单独或成对活动，飞行飘逸，很少落地，主要以昆虫为食。营巢于树杈间，巢呈圆锥形，距地面较高，窝卵数3～4枚。

雌鸟 Female
雄鸟 Male
雌鸟 Female

< 雀形目 PASSERIFORMES <莺鹛科 Sylviidae　　　　无危（LC）

棕头鸦雀

学　名：*Sinosuthora webbiana*
英文名：Vinous-throated Parrotbill
俗　名：驴粪球儿

【识别特征】纤细的粉褐色鸦雀，体长15～17厘米。雌雄相似。喙浅灰色，略下弯，虹膜浅黄灰色，头顶至上背棕红色，密布褐黑色纵纹，褐黑色贯眼纹及髭纹显著，上体余部橄榄褐色，喉及上胸白色，下体余部白色夹杂红褐色纵纹，两胁及尾下覆羽染皮黄色，尾灰褐色，甚长，展开呈扇形，外侧尾羽端部白色，跗跖浅褐色。鸣啭多变，为不断重复的短句或快节奏且较无规律的长句，告警声为单调的金属颤音。

【生态习性】分布于中国、朝鲜半岛和越南北部。在华北地区为留鸟，冬季常游荡至平原地区的灌丛和芦苇丛中活动。常集小群藏匿于灌丛中。在灌丛、竹丛或小树上筑小巧的杯状巢，窝卵数3～5枚。

< 雀形目 PASSERIFORMES < 莺鹛科 Sylviidae 近危（NT）

震旦鸦雀

学　名：*Paradoxornis heudei*
英文名：Reed Parrotbill
俗　名：—

国家二级

【识别特征】中型鸦雀，体长18～20厘米。雌雄相似。喙黄色，粗壮厚实。具黑色眉纹，额部、顶冠和枕部灰色。翕部黄褐色并通常具黑色纵纹，背部下方黄褐色。具狭窄的白色眼圈。中央尾羽沙褐色，其余尾羽黑色而羽端白色。额部、喉部和腹部中央偏白色，两胁黄褐色。肩羽浓黄褐色，飞羽色较浅，三级飞羽偏黑色。虹膜红褐色，跗跖粉红色。鸣唱声为重复的"cher-cher-cher-cher-cher"哨音间杂略快的叽喳声。

【生态习性】世界性近危。*P. h. polivanovi*亚种见于黑龙江东北部至辽宁以及内蒙古东北部，指名亚种见于长江流域及华东沿海地区和华北部分地区的芦苇地中。其生境由于农业开垦而遭到大量破坏，但在其分布之处则为地区性常见鸟。性活泼而嘈杂，集小群栖于芦苇地中。营巢于苇丛，窝卵数2～5枚。

< 雀形目 PASSERIFORMES < 蝗莺科 Locustellidae 　　　无危（LC）

矛斑蝗莺

学　名：*Locustella lanceolata*
英文名：Lanceolated Warbler
俗　名：黑纹蝗莺

【识别特征】体形略小而具褐色纵纹的莺，体长11～14厘米。雌雄同色。眉纹淡黄色，喙黑灰色，下喙基部粉色，头顶、上体及两翼褐色，具显著的黑色纵纹，尾羽黑褐色。额、喉白色，下体余部也大致为白色或赭黄色，胸至两胁具黑色纵纹，尾下覆羽褐色，亦具黑色纵纹，跗跖粉色。鸣声为拖长的快速高调颤音，叫声为 "churr-churr" 及低音 "chk"。

【生态习性】繁殖于西伯利亚、古北界东部，冬季至东南亚、大巽他群岛及马鲁古群岛的北部。在中国分布于东部至南部地区，繁殖于东北。多栖息于湿润稻田、沼泽灌丛中。在华北地区为不常见旅鸟。多单独活动，喜在浓密的植被中以及地面上快速穿梭。窝卵数3～5枚。

 < 雀形目 PASSERIFORMES <蝗莺科 Locustellidae　　　　无危（LC）

小蝗莺

学　　名：*Locustella certhiola*
英文名：Pallas's Grasshopper Warbler
俗　　名：蝗虫莺、花头扇尾

【识别特征】中等体形而具褐色纵纹的莺，体长14～16厘米。雌雄同色。眉纹近白色，贯眼纹暗褐色，喙深灰色，下喙基部粉色，头顶、后颈至背部具显著的黑色纵纹，腰棕褐色，两翼及尾羽褐色，具近白色端斑和黑色次端斑，下体近白色，胸侧、两胁和尾下覆羽淡褐色。跗跖粉色。鸣声为拖长的沙哑颤音"chir-chirrr"。

【生态习性】繁殖于亚洲北部和中部，越冬于中国、东南亚、菲律宾巴拉望岛、苏拉威西岛和大巽他群岛。中国广泛分布，繁殖于北方，迁徙时途经中部、东部及南部地区。主要活动于湿地及其附近的灌丛、草丛和苇丛中。在华北地区为区域性常见旅鸟。一般单独活动，性隐秘，常穿行于浓密的苇丛和灌丛或地面觅食。营巢于浓密的草丛中，窝卵数4～6枚。

< 雀形目 PASSERIFORMES < 苇莺科 Acrocephalidae　　无危（LC）

东方大苇莺

学　　名：*Acrocephalus orientalis*
英文名：Oriental Reed Warbler
俗　　名：苇扎子、呱呱唧

【识别特征】体形略大的褐色苇莺，体长16～19厘米。雌雄同色。淡黄白色眉纹延至眼先，喙较长，嘴峰黑色，余部粉色，头顶、上体及两翼橄榄褐色，飞羽棕褐色，羽缘棕黄色，尾羽暗褐色，颏、喉、颊白色，胸具甚不显著的褐色纵纹，下体余部白色，跗跖灰褐色。冬季仅间歇性地发出沙哑似喘息的单音"chack"。

【生态习性】繁殖于东亚，冬季迁徙至印度、东南亚及印度尼西亚，偶尔远及新几内亚及澳大利亚。在中国繁殖于新疆北部和东部延至华中、华东、东南。国内除西部地区外广泛分布。在华北地区为甚常见夏候鸟。擅鸣，喜站在湿地中的苇丛、沼泽及次生灌丛。常营巢于苇丛中，窝卵数3～6枚。

< 雀形目 PASSERIFORMES < 苇莺科 Acrocephalidae　　　　无危（LC）

黑眉苇莺

学　　名：*Acrocephalus bistrigiceps*
英文名：Black-browed Reed Warbler
俗　　名：柳叶儿、小苇扎

【识别特征】中等体形的褐色苇莺，体长12～13厘米。雌雄同色。眉纹黄白色，于眉纹上方另有一宽阔的黑色条纹自喙基延伸至头后，具较细的黑褐色贯眼纹，喙较短而细，上喙黑灰色，下喙粉色，头顶、上体及两翼黄褐色或橄榄褐色，尾羽深褐色，具淡褐色羽缘，下体大致为白色，两胁和尾下覆羽淡棕色，跗跖灰褐色。鸣声甜美多变，包括许多重复音。示警时作沙哑的"chur"声，叫声为尖声"tuc"或尖声"zit"。

【生态习性】繁殖于东北亚，冬季至印度、中国南方及东南亚。在中国繁殖于东北、河北、河南、陕西南部及长江下游。迁徙时见于华南及东南，部分鸟在广东及香港越冬。偶见于台湾。在华北地区为常见旅鸟。常单独或成对活动，喜活动于水库、河流、湖泊、水塘的苇丛、沼泽及次生灌丛。多营巢于近水的苇丛中和草丛中，窝卵数4～6枚。

< 雀形目 PASSERIFORMES < 苇莺科 Acrocephalidae 易危（VU）

学　名：*Acrocephalus tangorum*
英文名：Manchurian Reed Warbler
俗　名：—

远东苇莺

【识别特征】中等体形的单调灰褐色苇莺，体长12～14厘米。雌雄同色。具细长的白色眉纹和黑色贯眼纹，眉纹上另有一较窄的黑色细纹，喙较长，上喙黑灰色，下喙淡黄色，头和上体橄榄褐色，尾羽较长呈暗褐色，羽缘淡棕色，颏、喉近白色，胸、腹及尾下覆羽淡褐色或皮黄色，胸、腹中央羽色较淡。跗跖粉褐色。尖叫声"chichi"及模仿其他鸟的叫声。

【生态习性】繁殖于中国东北，越冬局限于缅甸东南部、泰国西南部及老挝南部。国内见于东北地区至华东沿海。在华北地区为罕见旅鸟。性隐匿，常单独行动。可见于植被丰富的湿地边缘。

< 雀形目 PASSERIFORMES < 苇莺科 Acrocephalidae　　　　无危（LC）

学　名：*Arundinax aedon*
英文名：Thick-billed Warbler
厚嘴苇莺　俗　名：芦莺、树扎

【识别特征】体大的橄榄褐色或棕色的无纵纹苇莺，体长18～20厘米。雌雄同色。无眉纹，眼先白色，喙较粗短，厚且钝，嘴峰深灰色，其余粉色，头、上体、两翼、尾羽为均一的褐色，两翼较短而圆，尾羽较长，呈显著的凸形，额、喉白色，胸、两胁及尾下覆羽皆为淡棕色，腹部中央近白色，跗跖灰褐色。响亮而饱满的鸣声，以清脆的"tschok tschok"开始，展开成悦耳的哨音短句加模仿其他鸟的叫声。叫声为持续的"chack chack"及沙哑吱叫。

【生态习性】繁殖于古北界北部，越冬至印度、中国南方及东南亚。不常见但分布广泛。活动于林地及次生灌丛和草丛，常远离水域。在华北地区为不常见夏候鸟和旅鸟。性隐匿，喜单独活动。营巢于茂密的林间或林缘灌丛中，窝卵数5～6枚。

< 雀形目 PASSERIFORMES <柳莺科 Phylloscopidae 无危（LC）

褐柳莺

学　名：*Phylloscopus fuscatus*
英文名：Dusky Warbler
俗　名：嘎叭嘴

【识别特征】体形中等偏小，外形匀称紧凑的柳莺，体长10.5～12.4厘米。上体灰褐色，下体乳白色，胸及两胁沾黄褐色，臂黄褐色，飞羽边缘染绿色，有近白色至皮黄色的显著眉纹，眉纹末端沾染棕黄色，贯眼纹色深，且前端接嘴基处将眼与喙、眉纹清晰地隔开，喙形纤细，上喙色深，下喙偏黄色，脚褐色。鸣声为一连串明亮单调的清脆哨音，有时带颤音。

【生态习性】繁殖于亚洲北部、西伯利亚、蒙古国北部、中国北部和东部，越冬于中国南部、东南亚和南亚次大陆北部。见于中国北方大部分地区，越冬于华南、海南和台湾。栖息于湿润近水生境，如溪流、池塘附近的灌丛，常往上翘尾并摆动两翼和尾部。在华北地区为常见旅鸟，春秋迁徙季节为常见过境鸟。窝卵数5～6枚。

＜雀形目 PASSERIFORMES ＜柳莺科 Phylloscopidae 无危（LC）

巨嘴柳莺

学　名：*Phylloscopus schwarzi*
英文名：Radde's Warbler
俗　名：厚嘴树莺

【识别特征】体态敦实的柳莺，体长11.0～14.0厘米。上体橄榄褐色，下体色浅，两胁及胸部沾皮黄色，尾下覆羽棕黄色，眉纹皮黄色，前端颜色较深，边界模糊，深色贯眼纹不及喙基，脸颊上有深色杂斑，嘴显得短粗，上喙褐色，下喙色较浅，但仍沾深色，脚棕黄色。鸣叫声为结巴的"check-check"声，鸣唱声似鹟，为短促的悦耳低音并以颤音收尾，似"tyeee-tyeee-tyee-lyee-ec-cc"。

【生态习性】繁殖于东北亚，越冬于中国南部、缅甸和中南半岛。在中国为较常见候鸟，繁殖于东北地区大、小兴安岭，迁徙途经华东和华中，并为华南和海南地区不常见冬候鸟。性隐蔽，于地面觅食显得笨拙而沉重，常摆动尾部和两翼。栖息于湿润灌丛或者林缘灌丛，多于低处活动。在华北地区为旅鸟，在春秋两季为常见过境鸟。

< 雀形目 PASSERIFORMES < 柳莺科 Phylloscopidae   无危（LC）

黄腰柳莺

学　名：*Phylloscopus proregulus*
英文名：Pallas's Leaf Warbler
俗　名：树串儿、淡黄腰柳莺

【识别特征】体小而圆，体长8.0～10.5厘米。背绿色，腰柠檬黄色，有两道清晰的黄白色翼斑，三级飞羽具白色羽缘，下体近白色，两胁、臀部和尾下覆羽沾黄色，有清晰的白色或黄色顶冠纹，眉纹近白色，新羽眉纹前端染鲜黄色，喙短小而呈黑色，脚粉色至褐色。叫声为轻柔上扬的"吱"声，鸣声响亮且悦耳多变，为一连串高低起伏的音符，可以持续近半分钟。鸣唱声洪亮有力，为清晰多变的"choochoo-chee-chee-chee"等叫声，重复4～5次，间杂颤音和嘎嘎声，鸣叫声则包括轻柔的"psit"鼻音或"weesp"声，不如黄眉柳莺般刺耳。

【生态习性】繁殖于亚洲北部，越冬于印度、中国南部和中南半岛北部。在中国为常见候鸟，指名亚种繁殖于东北地区，迁徙途经华东，越冬于华南和海南的低海拔地区。栖于亚高山森林，夏季可至海拔4200米林线处，冬季常见于低海拔林地和灌丛，迁徙季节出现在各类林地中。常见结小群活动或者与其他小型鸟类组成混合觅食群体。在华北地区为旅鸟，春秋两季常见过境鸟，在暖冬年份也有越冬个体。窝卵数3～6枚。

< 雀形目 PASSERIFORMES < 柳莺科 Phylloscopidae　　　　无危（LC）

黄眉柳莺

学　　名：*Phylloscopus inornatus*
英文名：Yellow-browed Warbler
俗　　名：树串儿、槐串儿

【识别特征】体形中等匀称的柳莺，体长9.9～11.0厘米。上体为鲜明的橄榄绿色，有两道近白色的翼斑，三级飞羽具有白色羽缘，下体近白，但两胁至腹部沾鲜黄色，无顶冠纹或者仅有非常模糊不易辨别的顶冠纹，眉纹近白色，上喙色深，下喙色深而喙基呈黄色，脚粉褐色。与极北柳莺的区别为上体较鲜亮、翼斑较明显且三级飞羽羽端白色。与分布区不重叠的淡眉柳莺区别为上体较鲜亮且偏绿色。与黄腰柳莺和云南柳莺的区别为腰部色暗且无浅色顶冠纹。与暗绿柳莺的区别为体形较小且下喙色深。鸣声甚嘈杂，不断发出响亮而上扬的"swe-eeet"鸣叫声，鸣唱声则为一连串降调的低弱叫声，也发出先降后升的双音节"tsioo-eee"声。

【生态习性】繁殖于亚洲北部，越冬于印度半岛、东南亚和马来半岛。在中国一般常见于除西北外的大部分地区林地中，指名亚种繁殖于东北，迁徙途经中国大部分地区至西南、华南、东南、海南、台湾和西藏南部。性活泼，常集群且与其他小型食虫鸟类混群，栖于树冠中上层。在华北地区为旅鸟，在春秋两季为常见过境鸟。

| ＜雀形目 PASSERIFORMES ＜柳莺科 Phylloscopidae | 无危（LC） |

极北柳莺

学　　名：*Phylloscopus borealis*
英文名：Arctic Warbler
俗　　名：柳叶儿、柳串儿

【识别特征】中型橄榄灰色柳莺，体长10.5～12.8厘米。具明显的黄白色长眉纹和白色翼斑以及第二道不甚明显的翼斑，下体偏白色，两胁橄榄褐色，眼先和贯眼纹偏黑色，喙形较粗长，上下喙均色深，下喙基部呈肉黄色，脚色深。鸣声为一连串"chweet"声，最后一音更高，越冬鸟偶尔发出特征性的低哑"dzit"声。鸣唱声为多至15个音节的颤音。

【生态习性】繁殖于欧洲北部、亚洲北部和阿拉斯加，越冬于中国南部和东南亚。在中国较常见于海拔2500米以下的原始林和次生林，指名亚种繁殖于华北，迁徙途经中国大部分地区至华南和台湾。喜开阔林地、红树林、次生林和林缘地带。加入混合鸟群，觅食于树叶间。在华北地区为旅鸟，在春秋两季为常见过境鸟。窝卵数4～7枚。

< 雀形目 PASSERIFORMES <树莺科 Cettiidae　　　　　　　无危（LC）

棕脸鹟莺
wēng

学　名：*Abroscopus albogularis*
英文名：Rufous-faced Warbler
俗　名：—

【识别特征】较小而体色艳丽的莺，体长8.0～10.0厘米。外形独特不易被误认，头部栗色并具黑色侧冠纹。上体绿色，腰部黄色。下体白色，额、喉部具黑色点斑，上胸沾黄色。与栗头鹟莺的区别为头侧栗色、白色眼圈不甚明显且无翼斑。*A. a. flavifacies*亚种脸部偏红色、上体色较深。鸣叫声为尖厉的吱吱声，鸣唱声为拖长的高音颤音。

【生态习性】分布于尼泊尔至中国南部、缅甸和中南半岛北部。在中国为较常见留鸟，指名亚种见于云南南部和西南部，*A. a. flavifacies*亚种广布于华中、华南、东南、海南和台湾。活动于热带和亚热带低山丘陵地带的常绿阔叶林、针叶林、竹林、灌丛，多在林缘活动。常单独活动或集成分散的小群，以昆虫为食。

| ＜雀形目 PASSERIFORMES ＜戴菊科 Regulidae | 无危（LC） |

戴 菊
学　　名：*Regulus regulus*
英文名：Goldcrest
俗　　名：呀呀花儿

【识别特征】似柳莺的小鸟，体长9.2～10.5厘米。上体橄榄绿色，翅上具两道白色翅斑。下体灰白色，雄鸟头顶中央有一橙色斑，先端及两侧柠檬黄色。雌鸟为单一的黄色，块斑两侧各具一条黑纹，眼周有一明显的灰白色眼圈，脚暗褐色。鸣声为尖细高音"sree-sree-sree"声，告警声为有力的"tseet"声，鸣唱声为重复的高音并具夸张的结尾。

【生态习性】分布于古北界。在中国，常见于大部分温带和亚高山针叶林中。通常单独活动。栖息于平原、低山、中山的针叶林和针阔叶混交林中树冠下层。在华北地区为旅鸟、冬候鸟。窝卵数4～6枚。

< 雀形目 PASSERIFORMES　< 山雀科 Paridae　　　　无危（LC）

黄腹山雀

学　　名：*Pardaliparus venustulus*
英文名：Yellow-browed Tit
俗　　名：点儿

雄鸟 Male

雌鸟 Female

【识别特征】小型山雀，体长8.8～10.8厘米。雄鸟头部及喉、胸黑色，颊部及后颈中间有白斑，下胸和腹部鲜黄色，翅上两道白色点斑微沾黄色，上体蓝灰色，尾部较短。雌鸟额、头顶、眼先和背灰绿色，喉部、两颊白色，下体淡黄绿色，喙短黑色，脚灰色。幼鸟似雌鸟但体色更暗，上体偏橄榄色。鸣叫声为高音并带鼻音的"si-si-si-si"声，鸣唱声为重复的单音或双音，似煤山雀但更为有力。

【生态习性】中国特有种。地区性常见于华南、东南、华中和华东的落叶混交林中，北至北京地区。集群栖于林区，夏季可高至海拔3000米处，冬季较低。灌丛处繁殖。常结小群穿梭跳跃于树下灌丛间。在春秋季于城市、平原均可见。在华北地区为夏候鸟或旅鸟，少量冬候鸟。窝卵数4～6枚。

< 雀形目 PASSERIFORMES < 山雀科 Paridae   无危（LC）

沼泽山雀

学　名：*Poecile palustris*
英文名：Marsh Tit
俗　名：红子、呼呼红

【识别特征】小型山雀，体长10.0～12.5厘米。头顶及后颈黑色，有光泽，两颊白色并延伸至颈后，喉部黑色，背部、腰部灰褐色，腹部灰白色，中央无黑色纵纹，两胁略沾皮黄色，尾羽灰褐色但颜色较腰背深，喙黑色，脚灰色。与褐头山雀易混淆，但通常无浅色翼纹，黑色顶冠具光泽，活动海拔低于褐头山雀。鸣声为带爆破音的"pitchou"而区别于褐头山雀，也发出重复的"chiu-chiu-chiu"哨音和典型的山雀鸣叫声"tseet"，鸣唱声为重复的单音或双音。

【生态习性】断续分布于欧洲和东亚的温带地区。在中国甚常见于东北（*P. p. brevirostris*亚种）、华东（*P. p. hellmayri*亚种）和西南（*P. p. dejeani*亚种）地区。栖息于针叶林及针阔混交林间，夏季活动于山麓丘陵地区，冬季迁至平原觅食。常穿梭于树林或灌丛间，喜栎树林和其他落叶林，也见于灌丛、树篱、河边林地和果园中。性较活泼。通常单独或成对活动，有时加入混合鸟群。在华北地区为留鸟。窝卵数4～8枚。

< 雀形目 PASSERIFORMES <山雀科 Paridae　　　　　　无危（LC）

大山雀

学　名：*Parus cinereus*
英文名：Cinereous Tit
俗　名：呼呼黑、白脸山雀

【识别特征】大型而丰满的黑、灰、白色山雀，体长12.5～15.3厘米。头顶及喉黑色，脸及后颈中间有明显白斑，背部蓝灰色，上背沾黄绿色，喉胸的黑色从白色的腹部中央直贯下体，呈一显眼的黑色带，雄鸟黑色带宽，雌鸟的窄。飞羽蓝黑色，翼上具一道醒目的白色条纹，喙黑色，脚深灰色。有研究认为原大山雀应为一超种，国内亚种可分为3种：大山雀*Parus major* (Great Tit)、远东山雀*Parus minor* (Japanese Tit)和苍背山雀*Parus cinereus* (Cinereous Tit)。华北地区为远东山雀。召唤声为欢快的"pink-tche-che-che"或"teacher"，鸣唱声为嘈杂的"chee-weet"或"chee-chee-choo"哨音，极善鸣。

【生态习性】分布于古北界。在中国常见于庭院和开阔林地，*P. c. kapustini*亚种见于极东北地区，*P. c. turkestanicus*亚种为新疆北部留鸟，*P. c. bokhariensis*亚种见于极西北地区，可至海拔2000米以上。性活跃，适应性强。成对或集小群活动于树冠至地面，常光顾红树林、庭院和开阔林地。在华北地区为留鸟。窝卵数6～10枚。

＜雀形目 PASSERIFORMES ＜百灵科 Alaudidae	无危（LC）

学　名：*Alauda arvensis*

国家二级

云　雀

英文名：Eurasian Skylark

俗　名：阿兰、告天子

【识别特征】体形较大的百灵，体长15.0～19.2厘米。喙较短趾百灵细长而比凤头百灵略粗，眼周浅色，具浅色眉纹，颊部沾栗色与眉纹对比明显，胸前具纵纹，尾深色，最外侧尾羽白色，次级飞羽、三级飞羽均具浅色外缘，飞行时翅、尾均具白边。与南方分布的小云雀颇为相似，但体形略大，且停歇时初级飞羽长于次级飞羽，且鸣声不同。在高空中振翅飞行时发出持续成串颤音，受惊时发出不同的吱吱声。

【生态习性】繁殖于欧洲至外贝加尔、朝鲜半岛、日本和中国北方，越冬于北非、伊朗和印度西北部。在中国冬季甚常见于北方地区，*A. a. dulcivox*亚种繁殖于新疆西北部，*A. a. intermedia*亚种见于东北山区，*A. a. kiborti*亚种见于东北沼泽平原，*A. a. pekinensis*亚种和*A. a. lonnbergi*亚种繁殖于西伯利亚而越冬于中国华北、华东和华南沿海地区。栖于草地、平原和沼泽。以其高空振翅飞行时发出的活泼悦耳鸣唱声而闻名，续以极壮观的俯冲回到地面栖处。在华北地区为冬候鸟、旅鸟。窝卵数3～7枚。

< 雀形目 PASSERIFORMES <长尾山雀科 Aegithalidae 无危（LC）

银喉长尾山雀

学　名：*Aegithalos glaucogularis*
英文名：Silver-throated Bushtit
俗　名：呼呼猫

【识别特征】体羽蓬松的小型山雀，体长13.0～17.0厘米。具细小的黑色喙和极长的黑色尾部，尾部边缘白色。曾被视为北长尾山雀的亚种，区别为具宽阔黑色眉纹、褐色和黑色翼斑、下体沾粉色。华东地区的*A. g. vinaceus*亚种似指名亚种，但体羽色浅、胸部常具棕色细纹形成的领环、尾部更长。鸣声为高音的"see-see-see"和其他似北长尾山雀的鸣叫声。

【生态习性】中国特有种。指名亚种常见于华中至华东的长江流域地区，包括陕西南部、四川局部、湖北、河南东部至江苏和浙江北部。*A. g. vinaceus*亚种见于西南、华中和东北局部地区，包括青海东部、甘肃中部、内蒙古中东部和东南部、辽宁南部、河北北部、山东、四川的中部和西南部以及云南西北部。性活泼，集小群，在树冠层和低矮树丛中觅食昆虫和种子。夜栖时挤成一排。在华北地区为留鸟。窝卵数6～8枚。

< 雀形目 PASSERIFORMES < 绣眼鸟科 Zosteropidae

无危（LC）

国家二级

红胁绣眼鸟

学　名：*Zosterops erythropleurus*
英文名：Chestnut-flanked White-eye
俗　名：红胁粉眼、粉眼

【识别特征】中型绣眼鸟，体长10.8～11.8厘米。上喙黑色，下喙肉色，上体黄绿色，背部偏暗，颏、喉、臀部硫黄色，眼周缀以白色羽圈，跗跖灰色，胁部栗红色。雌鸟胁部的栗红色较淡。鸣叫声为本属典型的"dze-dze"声。

【生态习性】分布于东亚、中国东部和南部以及中南半岛。在中国繁殖于东北，冬季南迁至华中、华南和华东。一般地区性常见于海拔1000米以上的原始林和次生林中。有时与暗绿绣眼鸟混群。在华北地区为旅鸟、夏候鸟。

暗绿绣眼鸟

学　名：*Zosterops japonicus*
英文名：Japanese White-eye
俗　名：白眼圈

【识别特征】小型而优雅的集群性绣眼鸟，体长10.5～11.0厘米。上体亮绿橄榄色，具明显白色眼圈和黄色喉部及臀部。胸部和两胁灰色，腹部白色。与红胁绣眼鸟的区别为两胁无栗色。与灰腹绣眼鸟的区别为无腹部黄色带。虹膜浅褐色，喙灰色，跗跖偏灰色。群鸟持续发出轻柔的"tzee"声和平静的颤音。

【生态习性】分布于日本、中国、缅甸和越南北部。在中国，指名亚种为华东、华中、西南、华南、东南和台湾地区留鸟或夏候鸟，冬季北方种群南迁。*Z. j. hainanus*亚种为海南留鸟。常见于林地、林缘、公园和城镇。因笼鸟贸易而存在逃逸个体。性活泼而嘈杂，在树顶觅食小型昆虫、浆果和花蜜。在华北地区为旅鸟、夏候鸟。

< 雀形目 PASSERIFORMES < 噪鹛科 Leiothrichidae	无危（LC）

山噪鹛 méi

学　名：*Garrulax davidi*
英文名：Plain Laughingthrush
俗　名：大灰串、山画眉

【识别特征】中型偏灰色噪鹛，体长20.5～25.5厘米。全身灰砂褐色或暗灰褐色，下体颜色略浅，喙黄色，上喙及喙端偏褐色，稍向下曲，鼻孔完全被须羽掩盖着，颏（下巴颏）黑色。指名亚种上体纯灰褐色，下体较浅，眉纹色较浅，颏部偏黑色。*P. d. concolor*亚种体羽偏灰色而少褐色，喙亮黄色而下弯，喙端偏绿色。召唤或告警声为一连串"wiau"声，鸣唱声为响亮而快速重复的一连串短音，由细弱嘶嘶声引出续以低弱的"wiau-wiau-wiau"声。

【生态习性】中国北部和中部特有种。偶见于东北地区（*P. d. chinganicus*亚种）、湖北以西至青海东部（*P. d. davidi*亚种）、甘肃和青海交界处的祁连山脉（*P. d. experrectus*亚种）、祁连山南部、青海东南部阿尼玛卿地区、四川的岷山和邛崃山脉（*P. d. concolor*亚种）海拔1600～3300米山区。栖息于山地斜坡灌丛中，经常3～5只结小群活动觅食。鸣叫声多变化，富于音韵而动听。喜树丛和灌丛生境，常在灌丛中跳跃，非常活跃。在华北地区为留鸟。窝卵数3枚左右。

< 雀形目 PASSERIFORMES < 鸭科 Sittidae　　　　　无危（LC）

普通鸭 ^{shī}
学　名：*Sitta europaea*
英文名：Eurasian Nuthatch
俗　名：蓝大胆、穿树皮、贴树

【识别特征】羽色分明的中型鸭，体长11.2～14.2厘米。上体蓝灰色，贯眼纹黑色，喉部白色，腹部浅皮黄色，两胁浓栗色。诸亚种细节存在差异。*S. e. asiatica*亚种下体白色，*S. e. amurensis*亚种具狭窄白色眉纹和浅皮黄色下体，*S. e. sinensis*亚种下体粉皮黄色。鸣叫声为响亮而尖厉的"seet，seet"声和似责骂的"twet-twet，twet"声，鸣唱声为悦耳哨音。

【生态习性】分布于古北界。在中国甚常见于大部分地区的落叶林中。*S. e. seorsa*亚种为西北地区留鸟，*S. e. asiatica*亚种见于东北大兴安岭，*S. e. amurensis*亚种见于东北其余地区，*S. e. sinensis*亚种见于华东、华中、华南、东南至台湾。常头朝下在树干的裂缝和树洞中啄食橡子和其他坚果。飞行呈波状起伏。偶尔下至地面觅食。成对或集小群活动。在华北地区为留鸟。窝卵数6～8枚。

< 雀形目 PASSERIFORMES < 鸭科 Sittidae　　　　无危（LC）

黑头鸭
shī

学　名：*Sitta villosa*
英文名：Chinese Nuthatch
俗　名：贴树皮

【识别特征】小型鸭，体长9.6～11.6厘米。具白色眉纹和黑色细贯眼纹。雄鸟顶冠黑色，雌鸟新羽顶冠灰色，上体余部浅紫灰色，喉部和脸侧偏白色，下体余部灰黄色或黄褐色。似云南鸭，区别为贯眼纹较窄且后端不变宽、下体色更浓。*S. v. bangsi*亚种比指名亚种下体偏橙褐色。鸣唱声为一连串升调哨音。鸣叫声似责骂的沙哑*S. v. schraa*声、圆润的成串"wip-wip-wip"声、短促鼻音"quir-quir"声。

【生态习性】分布于中国北方，并边缘性分布于朝鲜半岛、乌苏里江流域和萨哈林岛。在中国，*S. v. bangsi*亚种罕见于甘肃中部和相邻的青海和四川，指名亚种见于甘肃南部至吉林的丘陵地区松林中。小型食虫森林鸟，不具迁徙性，善于一足高于身体攀行在树皮上，觅食于树干和树枝间。在华北地区为留鸟。窝卵数4～9枚。

< 雀形目 PASSERIFORMES < 燕雀科 Fringillidae　　　　　无危（LC）

麻 雀

学　名：*Passer montanus*
英文名：Eurasian Tree Sparrow
俗　名：家雀、老家贼

【识别特征】较小的麻雀，体长11.4～15.2厘米。体形丰满，性活跃，顶冠和枕部褐色。两性相似。成鸟上体偏褐色，下体皮黄灰色，枕部具完整灰白色领环。与家麻雀和山麻雀的区别为脸颊具明显黑色点斑且喉部黑色较少。幼鸟似成鸟，但体色较暗淡，喙基黄色。鸣叫声为生硬的"cheep-cheep"声或金属音"tzooit"声，飞行时也发出"tet-tet-tet"声，鸣唱声为一连串重复鸣叫声间杂"tsveet"声。

【生态习性】分布于欧洲、中东、中亚、东亚、喜马拉雅山脉和东南亚。在中国常见于包括海南和台湾在内的各地中海拔以下地区，有7个亚种：指名亚种见于东北；*P. m. saturatus*亚种见于华东、华中、东南和台湾；*P. m. dilutus*亚种见于西北地区；*P. m. tibetanus*亚种见于青藏高原至四川西部；*P. m. kansuensis*亚种见于甘肃西部、青海北部和东部以及内蒙古北部；*P. m. hepaticus*亚种见于西藏东南部；*P. m. malaccensis*亚种见于西南部热带地区和海南。栖于稀疏林地、村庄和农田，食谷物。在中国东部地区取代家麻雀生活于城镇中。在华北地区为最常见的伴人鸟类，除高海拔地区外，几乎随处可见。在华北地区为留鸟。窝卵数4～6枚。

交配 Mating

< 雀形目 PASSERIFORMES < 燕雀科 Fringillidae　　　　无危（LC）

燕 雀

学　名：*Fringilla montifringilla*
英文名：Brambling
俗　名：虎皮雀

雄鸟 Male / 繁殖羽 Breeding

雌鸟 Female

【识别特征】斑纹分明、体形健壮的中型燕雀，体长14.1～17.0厘米。胸部棕色，腰部白色。雄鸟头部和枕部黑色，背部偏黑色，腹部白色，两翼和叉尾黑色，并具明显的白色肩斑和棕色翼斑，初级飞羽基部具白色点斑。雄鸟非繁殖羽似雌鸟，但头部图纹呈独特的褐色、灰色和偏黑色，喙黄色而喙端黑色，跗跖粉褐色。鸣唱声悦耳，为数个笛音续以长"zweee"声或降调嘎嘎声，鸣叫声为重复而响亮的单调重复"zweee"声，亦作高叫声和颤音，飞行时发出"chuee"声。

【生态习性】在中国较常见，越冬于华东地区和西北地区天山、青海西部等地的落叶混交林、稀疏林和针叶林的林间空地，并偶至华南地区。飞行起伏呈波状。成对或集小群活动。觅食于地面或树上，似苍头燕雀。在华北地区为旅鸟、冬候鸟。

＜ 雀形目 PASSERIFORMES ＜ 燕雀科 Fringillidae　　　　无危（LC）

锡嘴雀

学　名：*Coccothraustes coccothraustes*
英文名：Hawfinch
俗　名：老锡子

【识别特征】矮胖的大型偏褐色燕雀，体长16.0～19.7厘米。具极大的喙、较短的尾部和明显的白色宽阔肩斑。两性相似。指名亚种成鸟具狭窄黑色眼罩和额部，两翼亮蓝黑色（雌鸟偏灰色），外侧初级飞羽羽端异常地弯而尖，暖褐色尾部略分叉，尾端具狭窄白色，外侧尾羽具黑色次端斑，两翼上下均具独特的黑白色图纹。幼鸟似成鸟，但体色较深且下体具深色小点斑和纵纹。鸣唱声以哨音开始并以流水般悦耳的"deek-waree-ree-ree"声收尾，鸣叫声为突发的"tzick"声，也作尖厉的"teee"或"tzeep"声。

雄鸟 Male

雌鸟 Female

【生态习性】分布于欧亚大陆温带地区。在中国甚常见，指名亚种繁殖于东北，迁徙途经华北、华东至长江以南地区越冬，部分个体越冬于河北、北京等地。*C. c. japonicus*亚种越冬于东南沿海各省份，迷鸟至台湾。记录于西北地区的指名亚种可能包含*C. c. humii*亚种。成对或集小群栖于海拔3000米以下的林地、庭院和果园，通常性羞怯而安静。在华北地区为旅鸟、冬候鸟。

< 雀形目 PASSERIFORMES < 燕雀科 Fringillidae　　　　无危（LC）

黑尾蜡嘴雀

学　名：*Eophona migratoria*
英文名：Chinese Grosbeak
俗　名：皂儿（雄）、灰儿（雌）

【识别特征】较大而敦实的燕雀，体长18.5～20.5厘米。具硕大而端黑的黄色喙。雄鸟繁殖羽外形极似具有黑色头罩的大型灰雀，体羽灰色，两翼偏黑色。与黑头蜡嘴雀的区别为喙端黑色，臀部黄褐色，初级飞羽、三级飞羽和初级覆羽的羽端白色。雌鸟似雄鸟，但头部黑色较少。幼鸟似雌鸟，但体羽偏褐色。鸣唱声似赤胸朱顶雀的一连串哨音和颤音，鸣叫声为响亮而沙哑的"tek-tek"声。

【生态习性】分布于西伯利亚东部、朝鲜半岛、日本南部和中国东部，越冬于中国南部。在中国地区性常见，指名亚种繁殖于东北地区落叶林和混交林，越冬于华南和台湾。*E. m. sowerbyi*亚种繁殖于华中、华东尤其是长江下游地区，并西至四川西部地区；越冬于西南地区。栖于林地和果园，从不见于密林中。飞行快速，呈波浪状。鸣叫洪亮悦耳，有时像哨声发颤音，繁殖季鸣叫颇为婉转动听。在华北地区为夏候鸟、旅鸟，近年部分种群成为留鸟。窝卵数3～4枚。

雌鸟 Female

左雌右雄 Female (left), Male (right)

< 雀形目 PASSERIFORMES < 燕雀科 Fringillidae　　　　无危（LC）

黑头蜡嘴雀

学　名：*Eophona personata*
英文名：Japenese Grosbeak
俗　名：梧桐、蜡嘴

雄鸟 Male

【识别特征】敦实的大型燕雀，体长20.5～23.1厘米。具硕大的黄色喙。两性相似。似黑尾蜡嘴雀雄鸟，区别为三级飞羽具不同的褐色和白色图纹、臀部偏灰色、喙更大且全黄色，初级飞羽具小块白色次端斑，但初级飞羽、三级飞羽和初级覆羽的羽端无白色，飞行时上述差异甚明显。幼鸟体羽偏褐色，头部黑色缩至狭窄眼罩，并具两道皮黄色翼斑。*E. p. magnirostris*亚种比指名亚种体形更大、体色更浅、喙更大且翼上白色块斑较小。飞行中发出生硬的"tak-tak"鸣叫声，鸣唱声为四五个音节的笛声哨。

【生态习性】繁殖于西伯利亚东部、中国东北、朝鲜和日本，越冬于中国南部。在中国地区性常见，指名亚种越冬于华南并罕至台湾，*E. p. magnirostris*亚种繁殖于东北，迁徙途经华东，越冬于华南。比其他蜡嘴雀更喜低海拔地区。通常集小群活动。性羞怯而安静。在华北地区为旅鸟。

< 雀形目 PASSERIFORMES < 燕雀科 Fringillidae　　　无危（LC）

普通朱雀

学　名：*Carpodacus erythrinus*
英文名：Common Rosefinch
俗　名：红麻料（雄）、青麻料（雌）

【识别特征】较小的朱雀，体长15.5～16.5厘米。头部红色，上体灰褐色，腹部白色。雄鸟繁殖羽头部、胸部、腰部和翼斑沾亮红色，其程度因亚种而存在差异：*C. e. roseatus*亚种几乎全红；*C. e. grebnitskii*亚种下体浅粉色。雌鸟无粉色，上体纯灰褐色，下体偏白色。幼鸟似雌鸟，但偏褐色并具纵纹。雄鸟与其他大部分相似的朱雀区别为羽色亮红、无眉纹、腹部白色且脸颊和耳羽色深。雌鸟区别不甚明显。鸣唱声为单调重复的缓慢升调哨音"weeja-wu-weeja"声或其变调，鸣叫声为独特的清晰升调哨音"ooeet"声，告警声为"chay-eeee"声。

雄鸟 Male

【生态习性】繁殖于欧亚大陆北部、中亚高山地区、喜马拉雅山脉至中国西部和西北部，越冬于印度、中南半岛北部和中国南部。在中国为常见留鸟和候鸟，一般见于海拔2000～2700米。*C. e. roseatus*亚种广布于新疆西北部和西部、整个青藏高原并东至宁夏、湖北和云南北部，越冬于西南热带地区的山地。*C. e. grebnitskii*亚种繁殖于东北呼伦湖和大兴安岭，迁徙途经华东，越冬于华南沿海各省份和盆地地区。栖于亚高山林，但见于林间空地、灌丛和溪流两岸。单独、成对或集小群活动。飞行呈波状起伏。不如其他朱雀隐蔽。在华北地区为旅鸟。

< 雀形目 PASSERIFORMES < 燕雀科 Fringillidae　　　　无危（LC）

北朱雀　　学　名：*Carpodacus roseus*
　　　　　　英文名：Pallas's Rosefinch
　　　　　　俗　名：靠山红

国家二级

【识别特征】矮胖的中型朱雀，体长15.5～17.9厘米。尾部较长。雄鸟头部、背部下方和下体粉绯红色，顶冠色浅，额部和颏部霜白色，无眉纹，上体和翼覆羽深褐色而羽缘粉白色，胸部绯红色，腹部粉色，具两道浅色翼斑。雌鸟体色暗，上体具褐色纵纹，额部和腰部粉色，下体皮黄色并具纵纹，胸部沾粉色，臀部白色。通常安静，鸣叫声为短促的低哨音。

【生态习性】分布于西伯利亚中部、东部至蒙古国北部，越冬于中国北部、日本、朝鲜半岛和哈萨克斯坦北部。在中国为华北和华东地区不常见冬候鸟，南至江苏、台湾，西至甘肃，越冬于海拔1500～2500米的地区，夏季繁殖于海拔更高处。夏季栖于针叶林，越冬于雪松林和有灌丛覆盖的山坡。在华北地区为冬候鸟。

幼鸟 Juvenile

< 雀形目 PASSERIFORMES < 燕雀科 Fringillidae 　　无危（LC）

金翅雀

学　名：*Chloris sinica*
英文名：Grey-capped Greenfinch
俗　名：绿雀

【识别特征】小型黄、灰、褐色金翅雀，体长12.2～14.5厘米。具宽阔的黄色翼斑。雄鸟顶冠和枕部灰色，背部纯褐色，翼斑、尾基外侧和臀部黄色。雌鸟体色较暗。幼鸟体色较浅且纵纹较多。与黑头金翅雀的区别为头部无深色图纹、体羽偏暖褐色。具叉尾，喙偏粉色，跗跖粉褐色。鸣唱声似欧金翅雀但更为沙哑并具粗哑"ki-irrr"声，鸣叫声也似欧金翅雀，但飞行时发出的"dzi-dzi-i-dzi-i"声以及带鼻音的"dzweee"声有所不同。

雄鸟 Male

雌鸟 Female

【生态习性】分布于西伯利亚东南部、蒙古国、日本、中国和越南。在中国常见，多个亚种均为留鸟：*C. s. chabovovi*亚种见于黑龙江北部和内蒙古东部呼伦湖地区；*C. s. ussuriensis*亚种见于内蒙古东南部、黑龙江南部、辽宁和河北；指名亚种见于华东和华南大部地区并西至青海东部、四川、云南和广西；此外繁殖于堪察加、越冬于日本的*C. s. kawarahiba*亚种有迷鸟至台湾。栖于海拔2400米以下的灌丛、旷野、种植园、庭院和林缘地带。结群活动，直线飞行，速度快，鸣叫声清脆带有金属声。在华北地区为留鸟。窝卵数4枚。

< 雀形目 PASSERIFORMES < 燕雀科 Fringillidae 　　　无危（LC）

红交嘴雀 　学　名：*Loxia curvirostra*
英文名：Red Crossbill
俗　名：红交嘴（雄）、青交嘴（雌）

国家二级

【识别特征】中型燕雀，体长16.6～17.5厘米。除白翅交嘴雀以外，与其他所有燕雀的区别为上下喙左右交错。雄鸟繁殖羽深红色。雌鸟似雄鸟，但为暗橄榄绿色而非红色。幼鸟似雌鸟，但体具纵纹。与白翅交嘴雀的区别为无明显白色翼斑、三级飞羽无白色羽端且头部不甚圆拱。鸣叫声为生硬的"jip-jip"爆破音，告警声为一连串"jip"声，觅食时发出柔和的叽喳声，鸣唱声为一连串响亮的鸣叫声间杂颤音或啭鸣，有时在盘旋炫耀飞行时发出。

【生态习性】分布于全北界和东洋界的温带针叶林。在中国地区性常见于中等海拔的松林中。冬季游荡，部分个体集群迁徙。飞行快速而起伏。觅食敏捷。在华北地区为冬候鸟。

雄鸟 Male

雌鸟 Female

< 雀形目 PASSERIFORMES < 燕雀科 Fringillidae	无危（LC）

红额金翅雀

学　名：*Carduelis carduelis*
英文名：European Goldfinch
俗　名：—

【识别特征】小型金翅雀，体长13.0～15.0厘米。似西红额金翅雀并曾被视作其亚种，区别为体羽偏灰色且头部无黑色。鸣叫声包括尖厉的"pee-uu"声和流水般的叽喳召唤声。鸣唱声为短促、柔美而流畅的叽喳声，并具许多短促重复的啭鸣声，似涌泉，间杂重复的哨音和尖厉的"tewee-it"声短调。

【生态习性】分布于中亚至中国西部。在中国地区性常见：指名亚种为西藏极西南部（札达至普兰一带）留鸟；*C. c. paropanisi*亚种为新疆西北部阿尔泰山脉和天山山脉地区留鸟。在北京为新记录鸟种，或迷鸟、逃逸鸟。栖于海拔4250米以下的针叶林和混交林中的林间空地和林缘，也见于果园中。食草籽。成对或集小群活动。

< 雀形目 PASSERIFORMES ＜ 燕雀科 Fringillidae　　　　　无危（LC）

黄雀

学　　名：*Spinus spinus*
英文名：Eurasian Siskin
俗　　名：黄雀

雄鸟 Male

雌鸟 Female

【识别特征】极小的燕雀，体长10.9～12.0厘米。具特征性短喙和明显的黑、黄色翼斑。雄鸟头顶和颏部黑色，头侧、腰部和尾基亮黄色。雌鸟体色较暗且纵纹较多，头顶和颏部无黑色。幼鸟似雌鸟，但体羽偏褐色，翼斑偏橙色。与其他所有体色相似的小型燕雀区别为喙尖而直、喙偏粉色、跗跖偏黑色。鸣唱声具金属质感并间杂叽喳声、颤音和似喘息声，停歇于高处或作蝙蝠般炫耀飞行时发出。典型的鸣叫声为细弱的"tsuu-ee"声或干涩的"tet-tet"声，也作叽喳声，告警声为尖厉的"tsooeet"声。

【生态习性】分布不连续，见于欧洲至中东和东亚。在中国较常见，繁殖于东北地区大、小兴安岭并偶至江苏，迁徙途经华东，越冬于台湾、新疆、长江下游以及华东和华南沿海各省份。冬季集大群作波状起伏飞行。觅食敏捷似山雀。在华北地区为旅鸟及少量冬候鸟。

华北常见野鸟图鉴

| ＜ 雀形目 PASSERIFORMES ＜ 鹀科 Emberizidae | 无危（LC） |

三道眉草鹀 ^{wú}

学　名：*Emberiza cioides*
英文名：Meadow Bunting
俗　名：铁雀、山雀、山麻雀

【识别特征】较大的棕色鹀，体长15.5～17.8厘米。头部图纹明显，具栗色的胸带和白色的眉纹、上髭纹、颏部以及喉部。雄鸟繁殖羽脸部具独特的褐色、白色和黑色图纹，胸部栗色，腰部棕色。雌鸟体色较浅，眉纹和颊纹皮黄色，胸部浓皮黄色。雄雌鸟分别似罕见的栗斑腹鹀雄雌鸟，区别为喉部与胸部对比明显、耳羽为褐色而非灰色、白色翼斑不甚明显、翕部纵纹较少且腹部无栗色块斑。幼鸟体色浅且纵纹较多，极似戈氏岩鹀和灰眉岩鹀的幼鸟，区别为中央尾羽棕色羽缘较宽。外侧尾羽羽缘白色。*C. c. weigoldi*亚种比指名亚种体色更鲜亮且偏栗色；*C. c. tanbagataica*亚种体色最浅且腰部棕色较少、胸带较窄；*C. c. castaneiceps*亚种体形最小、体色最深且上体纵纹较少。鸣唱声为急促短调，似戈氏岩鹀但引导音不如戈氏岩鹀的"tsitt"音高，由突出的停歇处发出。鸣叫声为一连串快速的尖厉"zit-zit-zit"声。

【生态习性】分布于西伯利亚南部、蒙古国、中国北部和东部至日本，诸亚种间存在过渡。在中国，*C. c. tanbagataica*亚种为西北地区天山山脉的留鸟，*C. c. cioides*亚种为西北地区阿尔泰山脉和青海东部地区的留鸟，*C. c. weigoldi*亚种见于东北大部分地区，*C. c.*

雄鸟 Male

*castaneiceps*亚种为华中和华东地区留鸟而部分个体冬季南迁至台湾和华南沿海。栖于山区和丘陵地区的开阔灌丛和林缘地带，冬季下至较低海拔的平原地区。在华北地区为山区留鸟。窝卵数4枚。

258

＜ 雀形目 PASSERIFORMES ＜ 鹀科 Emberizidae　　　　无危（LC）

白眉鹀
wú

学　名：*Emberiza tristrami*
英文名：Tristram's Bunting
俗　名：五道眉

【识别特征】中型鹀，体长14.5～15.2厘米。头部条纹明显。雄鸟具明显的黑白色头部图纹、黑色喉部以及无纵纹的棕色腰部。雌鸟和雄鸟非繁殖羽体色较暗、头部图纹对比不甚明显，但图纹仍似雄鸟繁殖羽，区别为额部色浅。与田鹀的区别为枕部无红色，与黄眉鹀的区别为无黄色眉纹、尾部色浅而偏黄褐色、胸部和两胁纵纹较少且喉部色深。鸣唱声从树冠发出，前部分为清晰高音，后部分音调更高或更低。鸣叫声以多变而简单且快速重复的叫声收尾，最后一音通常为短促的"chit"声。

【生态习性】分布于中国东北和附近的西伯利亚地区，越冬于中国南部并偶至缅甸北部和越南北部。在中国，繁殖于东北林区，越冬于华南常绿林，迁徙时记录于华东沿海各省份。多隐于山坡林下茂密灌丛中。常集小群。在华北地区为旅鸟。窝卵数4～6枚。

雌鸟 Female

雄鸟 Male

| < 雀形目 PASSERIFORMES < 鹀科 Emberizidae | 无危（LC） |

wú
栗耳鹀

学名：*Emberiza fucata*
英文名：Chestnut-eared Bunting
俗名：赤胸鹀、灰头雀

【识别特征】中型鹀，体长13.0～17.3厘米。雄鸟繁殖羽不易被误认，栗色的耳羽与灰色的顶冠和颈侧形成对比，黑色颊纹延至胸部与黑色纵纹形成的项纹相连，并和白色喉、胸部以及棕色胸带形成对比。雌鸟和雄鸟非繁殖羽相似，但体色较浅且无明显特征，似圃鹀第一冬羽，区别为耳羽和腰部偏棕色且尾侧偏白色。*E. f. arcuata*亚种雄鸟比指名亚种体色更深、更艳丽，且颈纹偏黑色、翕部黑色纵纹较少而棕色胸带较宽。相似的*E. f. kuatunensis*亚种体色更深，且上体偏红色，并具狭窄的胸带。鸣唱声从灌丛顶部发出，比其他鹀类更快更嘈杂，由断续的"zwee"声加速至叽喳声并以"triip triip"声收尾，鸣叫声为似田鹀的爆破音"pzick"声。

【生态习性】分布于喜马拉雅山脉西部至中国、蒙古国东部和西伯利亚东部，越冬于朝鲜半岛、日本南部和中南半岛北部。在中国，常见于东北（*E. f. fucata*亚种）、华中、西南地区和西藏东南部（*E. f. arcuata*亚种），不甚常见并繁殖于江苏南部、福建和江西（*E. f. kuatunensis*亚种），越冬于台湾和海南，迁徙途经华东大部分地区。冬季集群。在华北地区为旅鸟。窝卵数4～6枚。

< 雀形目 PASSERIFORMES < 鹀科 Emberizidae　　　　　　无危（LC）

wú
小 鹀
学　名：*Emberiza pusilla*
英文名：Little Bunting
俗　名：虎头儿、红脸鹀

【识别特征】小型鹀，体长11.5～15.0厘米。体具纵纹。两性相似。上体褐色并具深色纵纹，下体偏白色，胸部和两胁具黑色纵纹。成鸟繁殖羽不易被误认，体形小，头部具黑色和栗色条纹以及浅色眼圈。冬羽耳羽和顶冠纹暗栗色，颊纹和耳羽边缘灰黑色，眉纹和第二道颊纹暗皮黄褐色。鸣叫声为轻柔的高音"pwick"声或"tiptip"声，也作"tsew"声，鸣唱声为短哨音。

【生态习性】繁殖于欧洲极北部和亚洲北部，越冬于印度东北部、中国和东南亚。在中国，迁徙时节常见于东北地区，越冬于新疆极西部、华中、华东和华南的大部分地区以及台湾。常与鹀类混群。隐于茂密植被、灌丛和芦苇地中。在华北地区为旅鸟、冬候鸟。

< 雀形目 PASSERIFORMES < 鹀科 Emberizidae   无危（LC）

黄眉鹀
^{wú}

学　名：*Emberiza chrysophrys*
英文名：Yellow-browed Bunting
俗　名：金眉子、黄眉子、大眉子

【识别特征】较小的鹀，体长13.0～16.6厘米。头部具横斑。似白眉鹀，区别为眉纹前半段为黄色、下体偏白色且纵纹较多、翼斑偏白色、腰部更为斑驳且尾羽色较深、黑色颊纹更为明显并分散汇入胸部纵纹中。与灰头鹀冬羽的区别为腰部棕色、头部条纹较多且对比更为明显。鸣唱声似白眉鹀但更为缓慢且不如其嘈杂，从其繁殖区域的茂密森林中树上发出，召唤声为似灰头鹀的短促"ziit"声。

【生态习性】繁殖于俄罗斯贝加尔湖以北地区，越冬于中国南部。在中国不常见，越冬于长江流域和南方沿海各省份有稀疏矮丛的开阔地带。通常见于林缘的次生灌丛中。常与其他鹀类混群。在华北地区为旅鸟。窝卵数4枚。

< 雀形目 PASSERIFORMES ＜鹀科 Emberizidae　　　　　无危（LC）

黄喉鹀　　wú

学　名：*Emberiza elegans*
英文名：Yellow-throated Bunting
俗　名：黄眉子、黄豆瓣

雄鸟 Male

【识别特征】中型鹀，体长13.4～15.5厘米。腹部白色，头部具不易被误认的黑、黄色图纹和短羽冠。雌鸟似雄鸟，但体色较暗，并以褐色取代黑、皮黄色取代黄色。与田鹀的区别为脸颊纯褐色而无黑色边缘且脸颊后方无浅色块斑。*E. e. ticehursti*亚种比指名亚种色浅且翕部纵纹较窄，*E. e. elegantula*亚种比指名亚种体色更深且翕部、胸部和两胁的纵纹更为色深且明显。鸣唱声为似田鹀的单调叽喳声，从树上停歇处发出。鸣叫声为流水般的重复尖厉"tzik"声。

【生态习性】不连续分布于中国中部和东北、朝鲜半岛以及西伯利亚东南部。在中国较常见：*E. e. elegantula*亚种为华中至西南地区留鸟；指名亚种繁殖于黑龙江北部（以及西伯利亚东南部）而越冬于东南地区和台湾；*E. e. ticehursti*亚种繁殖于东北地区（和朝鲜）而越冬于华南和东南沿海。栖于丘陵、山脊地区的干燥落叶林和混交林，越冬于有荫林地、森林和次生灌丛地带。在华北地区为夏候鸟、冬候鸟及旅鸟。

雌鸟 Female

＜雀形目 PASSERIFORMES ＜鹀科 Emberizidae	极危（CR）

黄胸鹀 ^{wú}

学　名：*Emberiza aureola*
英文名：Yellow-breasted Bunting
俗　名：金鹀、黄胆、禾花雀

国家一级

【识别特征】体色艳丽的中型鹀，体长14.5～16.0厘米。雄鸟繁殖羽顶冠和枕部栗色，脸部和喉部黑色，黄色的领环和胸腹之间由栗色胸带间隔，肩羽处具明显白斑。*E. a. ornata*亚种额部黑色区域更大且比指名亚种更深。雄鸟非繁殖羽体色明显更浅，颈部和喉部黄色，耳羽黑色并具杂斑。雌鸟和亚成鸟顶冠纹浅沙色，侧冠纹深色，颊纹不明显并具浅皮黄色长眉纹。诸亚种均具特征性白色肩斑和狭窄白色翼斑，飞行时明显可见。鸣唱声为比田鹀缓慢而音高的"djiii-djiii weee-weee zii-ziii"声及其变调，多为升调，从明显的停歇处发出，鸣叫声为短促而响亮的金属音"tic"声。

【生态习性】繁殖于西伯利亚至中国东北部，越冬于中国南部和东南亚。在中国曾极为常见但如今已罕见并为世界性极危：指名亚种繁殖于新疆北部阿尔泰山脉；*E. a. ornata*亚种繁殖于东北。两个亚种迁徙均途经中国大部分地区并越冬于中国极南部沿海地区（包括台湾和海南）。栖于大面积的稻田、芦苇地、高草丛和潮湿灌丛。冬季集大群并常与其他鸟类混群。在华北地区为旅鸟。

雌鸟 Female

雄鸟 Male

< 雀形目 PASSERIFORMES < 鹀科 Emberizidae　　　无危（LC）

栗 鹀

wú

学　名：*Emberiza rutila*
英文名：Chestnut Bunting
俗　名：锈鹀、紫背

【识别特征】较小的栗色和黄色鹀，体长13.8～15.2厘米。雄鸟繁殖羽不易被误认，整个头部、上体和胸部均为栗色而腹部为黄色。雄鸟非繁殖期亦相似，但体色较暗且头、胸部沾黄色。雌鸟特征不甚明显，顶冠、翕部、胸部和两胁具深色纵纹，与黄胸鹀和灰头鹀的雌鸟区别为腰部棕色且无白色的翼斑和尾缘。幼鸟纵纹较密。鸣唱声多变，似黄腰柳莺和林鹨，比灰头鹀音调更高，从树上较低停歇处发出。

【生态习性】繁殖于西伯利亚南部和外贝加尔地区的泰加林中，越冬于中国南部和东南亚。在中国繁殖于东北地区并可能繁殖于长白山一带，越冬鸟较常见于南方各省份和台湾，迁徙时见于整个中国东半部地区。喜海拔2500米以下有低矮灌丛的开阔针叶林、混交林和落叶林。冬季见于林地边缘和农耕地区。在华北地区为旅鸟。

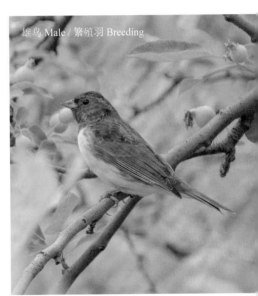

雄鸟 Male / 繁殖羽 Breeding

雌鸟 Female

| ＜雀形目 PASSERIFORMES ＜鹀科 Emberizidae | 无危（LC） |

灰头鹀

wú

学　名：*Emberiza spodocephala*
英文名：Black-faced Bunting
俗　名：青头、黑脸

【识别特征】小型黑色和黄色鹀，体长14.8～16.1厘米。指名亚种雄鸟繁殖羽头部、枕部和喉部灰色，眼先和额部黑色，上体余部浓栗色并具明显黑色纵纹，下体浅黄色或偏白色，肩羽具白斑，尾部色深并具白色边缘。雄鸟冬羽和雌鸟头部橄榄色，贯眼纹和耳羽下方月牙状斑为黄色。雄鸟冬羽和硫黄鹀的区别为眼先无黑色。*E. s. sordida*亚种和*E. s. personata*亚种头部比指名亚种偏绿灰色，*E. s. personata*亚种喉部和胸部上方黄色。鸣唱声为一连串活泼清脆的叽喳声和颤音，似芦鹀，从明显的停歇处发出。鸣叫声为轻柔的"tsii-tsii"声。

【生态习性】繁殖于西伯利亚、日本、中国东北部和中部，越冬于中国南部。在中国常见：指名亚种繁殖于东北地区而越冬于华南、海南和台湾；*E. s. personata*亚种偶尔越冬于华东和华南沿海；*E. s. sordida*亚种繁殖于华中而越冬于华南、华东和台湾。觅食于森林和灌丛的地面。不断摆尾，露出外侧尾羽的白色羽缘。越冬于芦苇地、灌丛和林缘地带。在华北地区为旅鸟。

< 雀形目 PASSERIFORMES < 鹀科 Emberizidae　　　　无危（LC）

wú
苇鹀

学　名：*Emberiza pallasi*
英文名：Pallas's Bunting
俗　名：山苇蓉

【识别特征】小型鹀，体长12.6～15.1厘米。头部黑色。雄鸟繁殖羽白色的下髭纹与黑色的头部和喉部形成对比，颈圈白色，下体灰色，上体具灰色和黑色横斑。似芦鹀，区别为体形略小、上体几乎无褐色和棕色、小覆羽蓝灰色而非棕色和白色且翼斑更为明显。雌鸟、雄鸟非繁殖羽以及各阶段幼鸟均为浅沙黄色，且顶冠、翁部、胸部和两胁具深色纵纹，耳羽不如芦鹀和红颈苇鹀色深，其他区别还包括上喙较直而不具弧度、尾部较长。鸣唱声为单音重复（4～6次），从灌丛顶部或草茎上发出。普遍的鸣叫声为似麻雀的细弱"chleep"声，也作似芦鹀的模糊"dziu"声。

【生态习性】分布不连续：*E. p. polaris* 亚种繁殖于俄罗斯西伯利亚高山苔原带；指名亚种繁殖于西伯利亚南部和蒙古国北部的干旱平原，冬季南迁。在中国，为西北地区（*E. p. polaris* 亚种）和东北呼伦湖及黑龙江北部（指名亚种）的夏候鸟，迁徙途经西北地区，越冬于甘肃、陕西北部以及辽宁经华东、台湾至广东的沿海地区。习性似其他苇鹀和芦鹀，栖息于高芦苇地，觅食于林地、田野和乡村开放地区。在华北地区为旅鸟、冬候鸟。窝卵数4～5枚。

非繁殖羽 Non-breeding

非繁殖羽 Non-breeding

参考文献

蔡其侃, 1988. 北京鸟类志[M]. 北京: 北京出版社.

常家传, 桂千惠子, 刘伯文, 等, 1995. 东北鸟类图鉴[M]. 哈尔滨: 黑龙江科学技术出版社.

高玮, 王海涛, 王日新, 等, 2004. 中国东北地区洞巢鸟类生态学[M]. 长春: 吉林科技出版社.

高武, 李强, 王瑞卿, 2013. 北京地区常见野鸟图鉴[M]. 北京: 机械工业出版社.

杭馥兰, 常家传, 1997. 中国鸟类名称手册[M]. 北京: 中国林业出版社.

刘阳, 陈水华, 2021. 中国鸟类观察手册[M]. 长沙: 湖南科学技术出版社.

约翰·马敬能, 2022. 中国鸟类野外手册: 新编版[M]. 北京: 商务印书馆.

张雁云, 董路, 郭冬生, 2019. 华北地区常见鸟类野外识别手册[M]. 北京: 高等教育出版社.

赵欣如, 朱雷, 黄瀚晨, 等, 2021. 北京鸟类图谱[M]. 北京: 中国林业出版社.

赵正阶, 2001. 中国鸟类志 [M]. 长春: 吉林科学技术出版社.

郑光美, 2017. 中国鸟类分类与分布名录[M]. 3版. 北京: 科学出版社.

郑作新, 2002. 世界鸟类名称 [M]. 2版. 北京: 科学出版社.

中文名索引

A

鹌鹑 / 25

暗灰鹃鵙 / 157

暗绿绣眼鸟 / 243

B

八哥 / 180

白腹鹞 / 137

白骨顶 / 105

白喉矶鸫 / 215

白鹡鸰 / 165

白鹭 / 101

白眉地鸫 / 193

白眉鸫 / 198

白眉姬鹟 / 218

白眉鸭 / 259

白眉鸭 / 52

白琵鹭 / 91

白头鹎 / 169

白尾鹞 / 138

白胸苦恶鸟 / 103

白眼潜鸭 / 58

白腰草鹬 / 85

斑鸫 / 202

斑头秋沙鸭 / 60

斑头雁 / 37

斑鱼狗 / 121

斑嘴鸭 / 48

宝兴歌鸫 / 204

北红尾鸲 / 212

北灰鹟 / 217

北椋鸟 / 183

北领角鸮 / 144

北朱雀 / 253

C

苍鹭 / 97

苍鹰 / 136

草鹭 / 98

长耳鸮 / 149

长尾山椒鸟 / 159

池鹭 / 95

赤腹鹰 / 133

赤颈鸫 / 201

赤颈鸊鷉 / 64

赤颈鸭 / 46

赤麻鸭 / 42

赤膀鸭 / 44

赤胸鸫 / 199

赤嘴潜鸭 / 54

D

达乌里寒鸦 / 188

大白鹭 / 99

大鸨 / 90

大斑啄木鸟 / 125

大杜鹃 / 116

大鵟 / 141

大麻鸦 / 92

大山雀 / 239

大天鹅 / 40

大鹰鹃 / 113

大嘴乌鸦 / 191

戴菊 / 236

戴胜 / 117

丹顶鹤 / 106

雕鸮 / 145

东方白鹳 / 89

东方大苇莺 / 226

东方中杜鹃 / 114

豆雁 / 34

短耳鸮 / 150

短嘴豆雁 / 35

F

发冠卷尾 / 178

反嘴鹬 / 77

凤头蜂鹰 / 129

凤头麦鸡 / 78

凤头䴙䴘 / 65

凤头潜鸭 / 55

凤头鹰 / 132

G

冠鱼狗 / 120

H

褐柳莺 / 230

褐马鸡 / 26

褐头鹪莺 / 197

黑翅鸢 / 128

黑翅长脚鹬 / 76

黑鹳 / 88

黑喉鸻 / 200

黑喉石䳭 / 214

黑颈䴙䴘 / 67

黑卷尾 / 176

黑眉苇莺 / 227

黑水鸡 / 104

黑头蜡嘴雀 / 251

黑头鹀 / 246

黑尾蜡嘴雀 / 250

黑尾鸥 / 71

黑鸢 / 140

黑枕黄鹂 / 175

红翅凤头鹃 / 111

红额金翅雀 / 256

红喉歌鸲 / 208

红喉姬鹟 / 220

红交嘴雀 / 255

红角鸮 / 143

红脚隼 / 152

红脚鹬 / 84

红隼 / 151

红头潜鸭 / 56

红尾斑鸫 / 203

红尾伯劳 / 174

红尾歌鸲 / 206

红胁蓝尾鸲 / 211

红胁绣眼鸟 / 242

红胸秋沙鸭 / 62

红嘴蓝鹊 / 186

红嘴鸥 / 70

鸿雁 / 33

厚嘴苇莺 / 229

虎斑地鸫 / 194

花脸鸭 / 53

环颈雉 / 27

黄斑苇鳽 / 93

黄腹山雀 / 237

黄喉鹀 / 263

黄脚三趾鹑 / 87

黄眉柳莺 / 233

黄眉鹀 / 262

黄雀 / 257

黄头鹡鸰 / 163

黄胸鹀 / 264

黄腰柳莺 / 232

灰斑鸠 / 30

灰背鸫 / 195

灰翅浮鸥 / 74

灰鹤 / 107

灰鹡鸰 / 164

灰卷尾 / 177

灰椋鸟 / 182

灰林鵙 / 146

灰山椒鸟 / 158

灰头绿啄木鸟 / 126

灰头麦鸡 / 79

灰头鸦 / 266

灰喜鹊 / 185

灰雁 / 36

J

矶鹬 / 86

极北柳莺 / 234

家燕 / 160

鹪鹩 / 179

角䴙䴘 / 66

金翅雀 / 254

金眶鸻 / 80

金腰燕 / 161

巨嘴柳莺 / 231

L

蓝额红尾鸲 / 210

蓝歌鸲 / 207

蓝喉歌鸲 / 209

栗耳短脚鹎 / 170

栗耳鹀 / 260

栗鹀 / 265

猎隼 / 154

领雀嘴鹎 / 168

罗纹鸭 / 45

绿背姬鹟 / 219

绿翅鸭 / 50

绿头鸭 / 47

M

麻雀 / 247

矛斑蝗莺 / 224

N

牛背鹭 / 96

牛头伯劳 / 173

O

欧亚鸲 / 205

P

琵嘴鸭 / 51

普通鵟 / 142

普通翠鸟 / 119

普通鸬鹚 / 68

普通秋沙鸭 / 61

普通鸭 / 245

普通燕鸥 / 73

普通秧鸡 / 102

普通夜鹰 / 109

普通雨燕 / 110

普通朱雀 / 252

Q

翘鼻麻鸭 / 41

青头潜鸭 / 57

丘鹬 / 82

雀鹰 / 135

鹊鸭 / 59

鹊鹞 / 139

R

日本松雀鹰 / 134

日本鹰鸮 / 148

S

三宝鸟 / 118

三道眉草鹀 / 258

山斑鸠 / 29

山鹡鸰 / 162

山噪鹛 / 244

扇尾沙锥 / 83

寿带 / 221

树鹨 / 166

水鹨 / 167

水雉 / 81

丝光椋鸟 / 181

四声杜鹃 / 115

松鸦 / 184

T

太平鸟 / 171

秃鼻乌鸦 / 189

秃鹫 / 130

W

苇鹀 / 267

乌雕 / 131

乌鹟 / 196

乌鸫 / 216

X

西伯利亚银鸥 / 72

锡嘴雀 / 249

喜鹊 / 187

小蝗莺 / 225

小䴙䴘 / 63

小太平鸟 / 172

小天鹅 / 39

小鸦 / 261

小嘴乌鸦 / 190

星头啄木鸟 / 124

Y

岩鸽 / 28

燕雀 / 248

燕隼 / 153

夜鹭 / 94

蚁䴕 / 122

银喉长尾山雀 / 241

疣鼻天鹅 / 38

游隼 / 155

鸳鸯 / 43

远东苇莺 / 228

云雀 / 240

Z

噪鹃 / 112

沼泽山雀 / 238

赭红尾鸲 / 213

针尾鸭 / 49

震旦鸦雀 / 223

中白鹭 / 100

珠颈斑鸠 / 31

棕腹啄木鸟 / 123

棕脸鹟莺 / 235

棕眉山岩鹨 / 192

棕头鸥 / 69

棕头鸦雀 / 222

纵纹腹小鸮 / 147

学名索引

A

Abroscopus albogularis / 235

Accipiter gentilis / 136

Accipiter gularis / 134

Accipiter nisus / 135

Accipiter soloensis / 133

Accipiter trivirgatus / 132

Acridotheres cristatellus / 180

Acrocephalus bistrigiceps / 227

Acrocephalus orientalis / 226

Acrocephalus tangorum / 228

Actitis hypoleucos / 86

Aegithalos glaucogularis / 241

Aegypius monachus / 130

Agropsar sturninus / 183

Aix galericulata / 43

Alauda arvensis / 240

Alcedo atthis / 119

Amaurornis phoenicurus / 103

Anas acuta / 49

Anas crecca / 50

Anas platyrhynchos / 47

Anas zonorhyncha / 48

Anser anser / 36

Anser cygnoid / 133

Anser fabalis / 34

Anser indicus / 37

Anser serrirostris / 35

Anthus hodgsoni / 166

Anthus spinoletta / 167

Apus apus / 110

Ardea alba / 99

Ardea cinerea / 97

Ardea intermedia / 100

Ardea purpurea / 98

Ardeola bacchus / 95

Arundinax aedon / 229

Asio flammeus / 150

Asio otus / 149

Athene noctua / 147

Aythya baeri / 57

Aythya ferina / 56

Aythya fuligula / 55

Aythya nyroca / 58

B

Bombycilla garrulus / 171

Bombycilla japonica / 172

Botaurus stellaris / 92

Bubo bubo / 145

Bubulcus ibis / 96

Bucephala clangula / 59

Buteo hemilasius / 141

Buteo japonicus / 142

C

Calliope calliope / 208

Caprimulgus indicus / 109

Carduelis carduelis / 256

Carpodacus erythrinus / 252

Carpodacus roseus / 253

Cecropis daurica / 161

Ceryle rudis / 121

Charadrius dubius / 80

Chlidonias hybrida / 74

Chloris sinica / 254

Chroicocephalus brunnicephalus / 69

Chroicocephalus ridibundus / 70

Ciconia boyciana / 89

Ciconia nigra / 88

Circus cyaneus / 138

Circus melanoleucos / 139

Circus spilonotus / 137

Clamator coromandus / 111

Clanga clanga / 131

Coccothraustes coccothraustes / 249

Columba rupestris / 28

Corvus corone / 190

Corvus dauuricus / 188

Corvus frugilegus / 189

Corvus macrorhynchos / 191

Coturnix japonica / 25

Crossoptilon mantchuricum / 26

Cuculus canorus / 116

Cuculus micropterus / 115

Cuculus optatus / 114

Cyanopica cyanus / 185

Cygnus columbianus / 39

Cygnus cygnus / 40

Cygnus olor / 38

D

Dendrocopos canicapillus / 124

Dendrocopos hyperythrus / 123

Dendrocopos major / 125

Dendronanthus indicus / 162

Dicrurus hottentottus / 178

Dicrurus leucophaeus / 177

Dicrurus macrocercus / 176

E

Egretta garzetta / 101

Elanus caeruleus / 128

Emberiza aureola / 264

Emberiza chrysophrys / 262

Emberiza cioides / 258

Emberiza elegans / 263

Emberiza fucata / 260

Emberiza pallasi / 267

Emberiza pusilla / 261

Emberiza rutila / 265

Emberiza spodocephala / 266

Emberiza tristrami / 259

Eophona migratoria / 250

Eophona personata / 251

Erithacus rubecula / 205

Eudynamys scolopaceus / 112

Eurystomus orientalis / 118

F

Falco amurensis / 152

Falco cherrug / 154

Falco peregrinus / 155

Falco subbuteo / 153

Falco tinnunculus / 151

Ficedula elisae / 219

Ficedula zanthopygia / 218

Ficedula albicilla / 220

Fringilla montifringilla / 248

Fulica atra / 105

G

Gallinago gallinago / 83

Gallinula chloropus / 104

Garrulax davidi / 244

Garrulus glandarius / 184

Geokichla sibirica / 193

Grus grus / 107

Grus japonensis / 106

H

Hierococcyx sparverioides / 113

Himantopus himantopus / 76

Hirundo rustica / 160

Hydrophasianus chirurgus / 81

Hypsipetes amaurotis / 170

I

Ixobrychus sinensis / 93

J

Jynx torquilla / 122

L

Lalage melaschistos / 157

Lanius bucephalus / 173

Lanius cristatus / 174

Larus crassirostris / 71

Larus smithsonianus / 72

Larvivora cyane / 207

Larvivora sibilans / 206

Locustella certhiola / 225

Locustella lanceolata / 224

Loxia curvirostra / 255

Luscinia svecica / 209

M

Mareca falcata / 45

Mareca penelope / 46

Mareca strepera / 44

Megaceryle lugubris / 120

Mergellus albellus / 60

Mergus merganser / 61

Mergus serrator / 62

Milvus migrans / 140

Monticola gularis / 215

Motacilla alba / 165

Motacilla cinerea / 164

Motacilla citreola / 163

Muscicapa dauurica / 217

Muscicapa sibirica / 216

N

Netta rufina / 54

Ninox japonica / 148

Nycticorax nycticorax / 94

O

Oriolus chinensis / 175

Otis tarda / 90

Otus semitorques / 144

Otus sunia / 143

P

Paradoxornis heudei / 223

Pardaliparus venustulus / 237

Parus cinereus / 239

Passer montanus / 247

Pericrocotus divaricatus / 158

Pericrocotus ethologus / 159

Pernis ptilorhynchus / 129

Phalacrocorax carbo / 68

Phasianus colchicus / 27

Phoenicuropsis frontalis / 210

Phoenicurus auroreus / 212

Phoenicurus ochruros / 213

Phylloscopus borealis / 234

Phylloscopus fuscatus / 230

Phylloscopus inornatus / 233

Phylloscopus proregulus / 232

Phylloscopus schwarzi / 231

Pica pica / 187

Picus canus / 126

Platalea leucorodia / 91

Podiceps auritus / 66

Podiceps cristatus / 65

Podiceps grisegena / 64

Podiceps nigricollis / 67

Poecile palustris / 238

Prunella montanella / 192

Pycnonotus sinensis / 169

R

Rallus indicus / 102

Recurvirostra avosetta / 77

Regulus regulus / 236

S

Saxicola maurus / 214

Scolopax rusticola / 82

Sibirionetta formosa / 53

Sinosuthora webbiana / 222

Sitta europaea / 245

Sitta villosa / 246

Spatula clypeata / 51

Spatula querquedula / 52

Spinus spinus / 257

Spizixos semitorques / 168

Spodiopsar cineraceus / 182

Spodiopsar sericeus / 181

Sterna hirundo / 73

Streptopelia chinensis / 31

Streptopelia decaocto / 30

Streptopelia orientalis / 29

Strix aluco / 146

T

Tachybaptus ruficollis / 63

Tadorna ferruginea / 42

Tadorna tadorna / 41

Tarsiger cyanurus / 211

Terpsiphone incei / 221

Tringa ochropus / 85

Tringa totanus / 84

Troglodytes troglodytes / 179

Turdus atrogularis / 200

Turdus chrysolaus / 199

Turdus eunomus / 202

Turdus feae / 197

Turdus hortulorum / 195

Turdus mandarinus / 196

Turdus mupinensis / 204

Turdus naumanni / 203

Turdus obscurus / 198

Turdus ruficollis / 201

Turnix tanki / 87

U

Upupa epops / 117

Urocissa erythroryncha / 186

V

Vanellus cinereus / 79

Vanellus vanellus / 78

Z

Zoothera aurea / 194

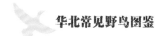
英文名索引

A

Amur Falcon / 152

Amur Paradise Flycatcher / 221

Arctic Warbler / 234

Ashy Drongo / 177

Ashy Minivet / 158

Asian Brown Flycatcher / 217

Asicm Koel / 112

Azure-winged Magpie / 185

B

Baer's Pochard / 57

Baikal Teal / 53

Bar-headed Goose / 37

Barn Swallow / 160

Bean Goose / 34

Black Drongo / 176

Black Kite / 140

Black Redstart / 213

Black Stork / 88

Black-browed Reed Warbler / 227

Black-crowned Night Heron / 94

Black-faced Bunting / 266

Black-headed Gull / 70

Black-naped Oriole / 175

Black-necked Grebe / 67

Black-tailed Gull / 71

Black-throated Thrush / 200

Black-winged Cuckoo-shrike / 157

Black-winged Kite / 128

Black-winged Stilt / 76

Blue-fronted Redstart / 210

Bluethroat / 209

Bohemian Waxwing / 171

Brambling / 248

Brown Eared Pheasant / 26

Brown Shrike / 174

Brown-cheeked Rail / 102

Brown-eared Bulbul / 170

Brown-headed Gull / 69

Brown-headed Thrush / 199

Bull-headed Shrike / 173

C

Carrion Crow / 190

Cattle Egret / 96

Chestnut Bunting / 265

Chestnut-eared Bunting / 260

Chestnut-flanked White-eye / 242

Chestnut-winged Cuckoo / 111

Chinese Blackbird / 196

Chinese Grosbeak / 250

Chinese Nuthatch / 246

Chinese Pond Heron / 95

Chinese Sparrowhawk / 133

Chinese Thrush / 204

Cinereous Tit / 239

Cinereous Vulture / 130

Citrine Wagtail / 163

Collared Finchbill / 168

Common Coot / 105

Common Crane / 107

Common Cuckoo / 116

Common Goldeneye / 59

Common Hoopoe / 117

Common Kestrel / 151

Common Kingfisher / 119

Common Magpie / 187

Common Merganser / 61

Common Moorhen / 104

Common Pheasant / 27

Common Pochard / 56

Common Redshank / 84

Common Rosefinch / 252

Common Sandpiper / 86

Common Shelduck / 41

Common Snipe / 83

Common Swift / 110

Common Tern / 73

Crested Goshawk / 132

Crested Kingfisher / 120

Crested Myna / 180

D

Dark-sided Flycatcher / 216

Daurian Jackdaw / 188

Daurian Redstart / 212

Daurian Starling / 183

Dollarbird / 118

Dusky Thrush / 202

Dusky Warbler / 230

E

Eastern Buzzard / 142

Eastern Marsh Harrier / 137

Eastern Spot-billed Duck / 48

Eurasian Bittern / 92

Eurasian Collared Dove / 30

Eurasian Eagle-owl / 145

Eurasian Hobby / 153

Eurasian Jay / 184

Eurasian Nuthatch / 245

Eurasian Siskin / 257

Eurasian Skylark / 240

Eurasian Sparrowhawk / 135

Eurasian Spoonbill / 91

Eurasian Tree Sparrow / 247

Eurasian Wigeon / 46

Eurasian Woodcock / 82

Eurasian Wren / 179

Eurasian Wryneck / 122

European Goldfinch / 256

European Robin / 205

Eyebrowed Thrush / 198

F

Falcated Duck / 45

Ferruginous Duck / 58

Forest Wagtail / 162

G

Gadwall / 44

Garganey / 52

Goldcrest / 236

Gray Wagtail / 164

Graylag Goose / 36

Great Bustard / 90

Great Cormorant / 68

Great Crested Grebe / 65

Great Egret / 99

Great Spotted Woodpecker / 125

Greater Spotted Eagle / 131

Green Sandpiper / 85

Green-backed Flycatcher / 219

Green-winged Teal / 50

Grey Heron / 97

Grey Nightjar / 109

Grey-backed Thrush / 195

Grey-capped Greenfinch / 254

Grey-capped Woodpecker / 124

Grey-headed Lapwing / 79

Grey-headed Woodpecker / 126

Grey-sided Thrush / 197

H

Hair-crested Drongo / 178

Hawfinch / 249

Hen Harrier / 138

Hill Pigeon / 28

Horned Grebe / 66

I

Indian Cuckoo / 115

Intermediate Egret / 100

J

Japanese Quail / 25

Japanese Scops Owl / 144

Japanese Sparrowhawk / 134

Japanese Waxwing / 172

Japanese White-eye / 243

Japenese Grosbeak / 251

L

Lanceolated Warbler / 224

Large Hawk Cuckoo / 113

Large-billed Crow / 191

Light-vented Bulbul / 169

Little Bunting / 261

Little Egret / 101

Little Grebe / 63

Little Owl / 147

Little Ringed Plover / 80

Long-eared Owl / 149

Long-tailed Minivet / 159

M

Mallard / 47

Manchurian Reed Warbler / 228

Mandarin Duck / 43

Marsh Tit / 238

Meadow Bunting / 258

Mute Swan / 38

N

Naumann's Thrush / 203

Northern Boobook / 148

Northern Goshawk / 136

Northern Lapwing / 78

Northern Pintail / 49

Northern Shoveler / 51

O

Olive-backed Pipit / 166

Orange-flanked Bluetail / 211

Oriental Cuckoo / 114

Oriental Honey Buzzard / 129

Oriental Reed Warbler / 226

Oriental Scops Owl / 143

Oriental Stock / 89

Oriental Turtle Dove / 29

P

Pallas's Bunting / 267

Pallas's Grasshopper Warbler / 225

Pallas's Leaf Warbler / 232

Pallas's Rosefinch / 253

Peregrine Falcon / 155

Pheasant-tailed Jacana / 81

Pied Avocet / 77

Pied Harrier / 139

Pied Kingfisher / 121

Plain Laughingthrush / 244

Purple Heron / 98

R

Radde's Warbler / 231

Red Crossbill / 255

Red-billed Blue Magpie / 186

Red-breasted Merganser / 62

Red-crested Pochard / 54

Red-crowned Crane / 106

Red-necked Grebe / 64

Red-rumped Swallow / 161

Red-throated Thrush / 201

Reed Parrotbill / 223

Rook / 189

Ruddy Shelduck / 42

Rufous-bellied Woodpecker / 123

Rufous-faced Warbler / 235

Rufous-tailed Robin / 206

S

Saker Falcon / 154

Short-eared Owl / 150

Siberian Accentor / 192

Siberian Blue Robin / 207

Siberian Gull / 72

Siberian Rubythroat / 208

Siberian Stonechat / 214

Siberian Thrush / 193

Silky Starling / 181

Silver-throated Bushtit / 241

Smew / 60

Spotted Dove / 31

Swan Goose / 33

T

Taiga Flycatcher / 220

Tawny Owl / 146

Thick-billed Warbler / 229

Tristram's Bunting / 259

Tufted Duck / 55

Tundra Bean Goose / 35

Tundra Swan / 39

U

Upland Buzzard / 141

V

Vinous-throated Parrotbill / 222

W

Water Pipit / 167

Whiskered Tern / 74

White Wagtail / 165

White-breasted Waterhen / 103

White-cheeked Starling / 182

White's Thrush / 194

White-throated Rock Thrush / 215

Whooper Swan / 40

Y

Yellow Bittern / 93

Yellow-breasted Bunting / 264

Yellow-browed Bunting / 262

Yellow-browed Tit / 237

Yellow-browed Warbler / 233

Yellow-legged Buttonquail / 87

Yellow-rumped Flycatcher / 218

Yellow-throated Bunting / 263